汉竹编著•亲亲乐读系列
宝宝辅食来啦
U0363073
刘岩 主编
汉竹图书微博
http://weibo.com/hanzhutushu
江苏凤凰科学技术出版社
全国百佳图书出版单位

编辑导读

宝宝的第一口辅食何时添加？

给宝宝吃的食物中可以加盐、蜂蜜吗？

几个月的宝宝能吃固体食物？

怎样能让宝宝爱吃饭？

……

宝宝来了，爸爸妈妈的甜蜜育儿生活正式开始啦。0~3 岁是宝宝成长发育的关键期，给宝宝吃什么，怎么吃，成为爸爸妈妈们最关心的问题。刘岩是一位儿科医生，同时也是一位妈妈，她希望通过这本书将自己的专业知识和喂养宝宝的经验分享给更多的爸爸妈妈。

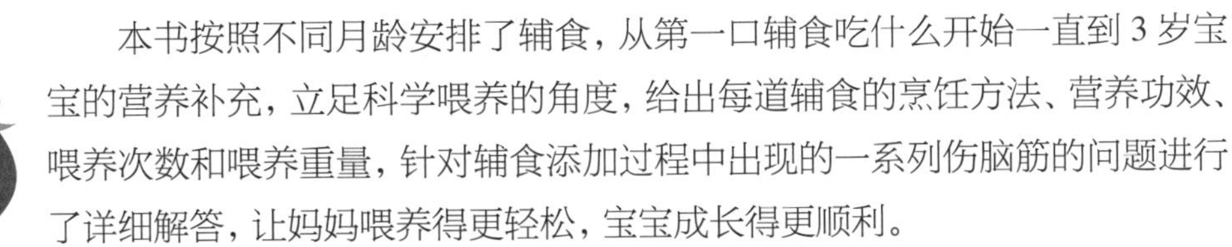

本书按照不同月龄安排了辅食，从第一口辅食吃什么开始一直到 3 岁宝宝的营养补充，立足科学喂养的角度，给出每道辅食的烹饪方法、营养功效、喂养次数和喂养重量，针对辅食添加过程中出现的一系列伤脑筋的问题进行了详细解答，让妈妈喂养得更轻松，宝宝成长得更顺利。

书中还介绍了每个月宝宝的身体发育情况及对应的营养需求，让妈妈可以根据宝宝发育状态来调整宝宝饮食和育儿方法。最后，还针对宝宝经常出现的不适症状给出了调养食方，让宝宝不打针不吃药就能恢复健康。

相信这本书里的百变元气辅食，会让你的宝宝爱上吃饭，不生病、不挑食、身体棒、更聪明！

宝宝长更高营养餐

排骨汤面 70页

紫菜虾皮汤 72页

三味蒸蛋 105页

虾皮鸡蛋羹 106页

莲藕薏米排骨汤 116页

山药胡萝卜排骨汤 133页

紫菜虾皮南瓜汤 137页

芝麻酱花卷 151页

酸奶布丁 154页

宝宝眼睛明亮营养餐

胡萝卜米汤 22页

西红柿汁 25页

胡萝卜泥 32页

土豆胡萝卜肉末羹 54页

猪肝粥 58页

菠菜鸡肝粥 78页

鸡蛋胡萝卜磨牙棒 93页

南瓜饼 104页

虾丸荞麦面 140页

宝宝增强免疫力营养餐

生菜苹果汁 28页

菠菜猪肝泥 47页

牛肉面 70页

苦瓜粥 94页

五色紫菜汤 101页

肉松饭团 105页

香菇通心粉 117页

香橙烩蔬菜 118页

牛奶水果丁 154页

宝宝更聪明营养餐

黑米汤 21页

蛋黄泥 39页

土豆苹果糊 40页

肝末鸡蛋羹 63页

肉末海带羹 70页

虾泥 79页

鲅鱼馄饨 104页

鱼蛋饼 111页

苹果圈 119页

目录

宝宝辅食知识提前知

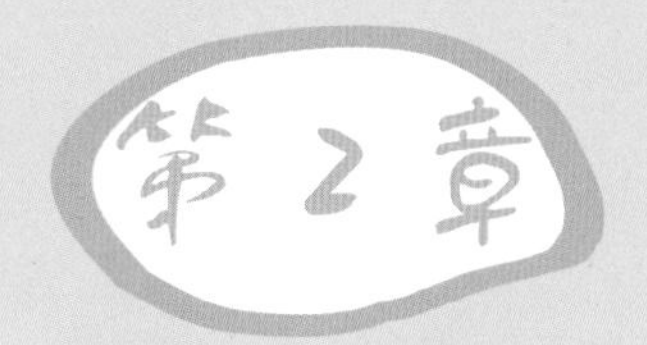

4~6个月：要吃米粉哦

7个月：蛋黄真好吃

8个月：辅食，一天两次就够了

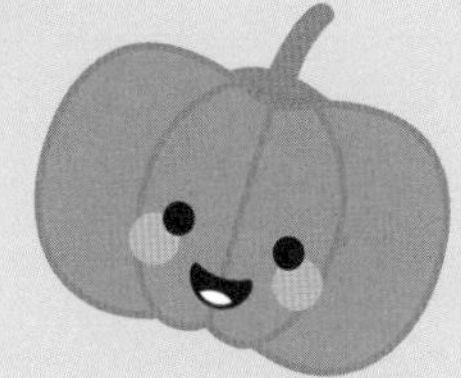

9个月：爱上小面条

10个月：可以嚼着吃

11~12 个月：尝尝小水饺

1~1.5岁：软烂食物都能吃

1.5~2岁：辅食的地位提高了

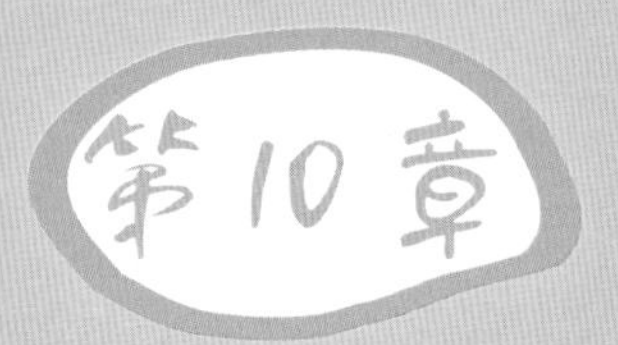

2~3 岁：营养均衡最重要

宝宝不适时的调养食谱

MICKEY MOUSE
CLUBHOUSE

第1章

宝宝辅食知识提前知

宝宝何时开始添加辅食？辅食添加的顺序和原则是什么？制作辅食有哪些注意事项……科学合理地添加辅食是一件技术活，新手爸妈提前了解并掌握有关辅食的知识，做到心中有数，才能做好每一顿辅食。

什么时候可以吃辅食

添加辅食是指将母乳或者配方奶作为主食，在此基础上添加别的食物来搭配。其目的一是补充营养素以弥补单纯母乳或配方奶的不足；二是训练宝宝的消化、咀嚼等生理功能。那么如何添加辅食？一起来看看吧。

人工喂养宝宝，满 4 个月可尝试吃辅食

宝宝满 4 个月之前，其肠胃发育还不健全，唇舌比较紧闭，会将固体食物反射性地顶出来。4~6 个月时，宝宝口腔的排出反射会逐渐消失，不再将食物顶出来，因此这时是开始添加辅食比较好的时间段。人工喂养及混合喂养的宝宝，在满 4 个月后，并且身体健康的情况下，可以开始尝试吃辅食。

纯母乳喂养宝宝 6 个月添辅食

世界卫生组织的最新婴儿喂养报告提倡：前 6 个月纯母乳喂养，6 个月以后在母乳喂养的基础上添加辅食。这样做的好处是将宝宝感染肺炎、肠胃炎等的风险降低；同时，纯母乳喂养时间比较久，也有利于妈妈产后身材恢复。

一般来说，纯母乳喂养的宝宝，如果增重理想，最好在 6 个月时添加辅食。但具体何时添加，应根据妈妈的奶水量和宝宝的实际发育状况来定。

4~6 个月：适龄添加辅食容易被宝宝接受，不易过敏。

晚于 7 个月：过晚添加辅食易造成宝宝营养不良或拒绝吃辅食。

早产儿添加辅食时间较晚

过早地给早产儿添加辅食，容易增加宝宝的肠胃负担，可能引发腹泻等疾病；另一方面，也容易让宝宝摄入过多的脂肪、热量和糖分等，引发肥胖。

关于早产儿添加辅食的时间，不能按照宝宝的实际出生月龄来计算，而是按照矫正月龄来计算。当早产儿的矫正月龄满 4~6 个月后，可根据宝宝的实际情况判断是否添加辅食。

矫正月龄 = 实际出生月龄 −（40− 出生时孕周）÷4

以孕 32 周出生，实际月龄 6 个月的早产儿为例：

矫正月龄 = 6−（40−32）÷4

即矫正月龄为 4 个月。

当别的妈妈在给宝宝添加辅食的时候，不用急也不用羡慕，要知道，适合宝宝的才是最好的。

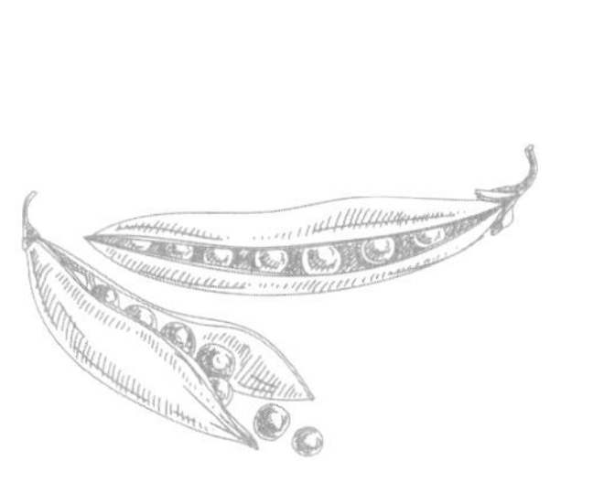

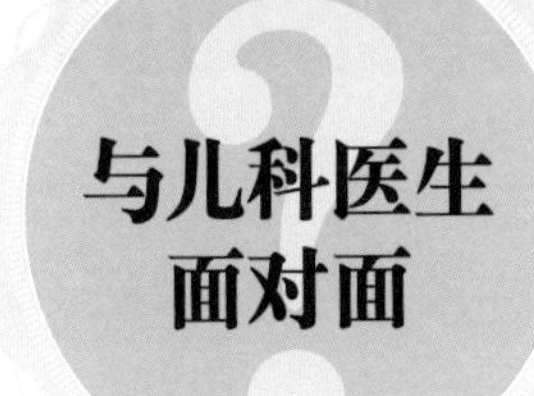

与儿科医生面对面

Q 添加辅食后要断母乳或配方奶吗?

A 添加辅食并不是要断掉母乳或配方奶。世界卫生组织提倡,宝宝4~6个月开始添加辅食后仍要以母乳或配方奶为主食,持续到1.5岁。因为此时宝宝的肠胃发育还不完全,如果添加辅食后,就把母乳断掉,宝宝很难消化吸收辅食的营养成分,易导致少食、腹泻的发生。所以,添加辅食后,母乳或配方奶仍然是主食,不能断掉。

Q 添加辅食时,宝宝不配合怎么办?

A 有的宝宝一开始接触辅食,会因为自我保护的本能拒绝进食,例如看到勺子就躲、将嘴巴抿紧或用舌头将吃到嘴里的食物顶出来。对于这种情况,妈妈不要强迫宝宝进食,不妨过一两天再尝试。有的宝宝经过多次甚至十几次的尝试,才能逐渐接受新的食物和味道,所以妈妈一定要有充分的心理准备和足够的耐心。

Q 宝宝辅食添加太晚,有哪些危害?

A 有些妈妈奶水充足,便不考虑为宝宝添加辅食的事。虽然母乳非常有营养,但随着宝宝长大,母乳渐渐无法完全满足宝宝的营养需求,会导致营养不良,出现维生素和微量元素的缺乏,宝宝的生长发育就会减慢。此外,吃辅食太晚,宝宝会比较难适应吃多种食物,还可能引起偏食或其他进食问题,如抗拒接受质感粗糙的食物。

宝宝要辅食的7个小信号

1. 按照平时的作息时间给宝宝喂奶,但宝宝饿得很快。
2. 宝宝有些厌奶了。
3. 大人吃饭时,宝宝会盯着大人夹菜、吃饭的动作,甚至会伸手抓来放进嘴里。
4. 宝宝可以在大人的扶持下,保持坐姿。
5. 用小匙喂食物的时候,宝宝的舌头不再将食物顶出来。
6. 宝宝的体重比出生时体重增加1倍,或达到6千克以上。
7. 宝宝开始长牙了。

如果宝宝出现了以上这些可爱的"小信号",就是宝宝对你说:"我的身体准备好吃辅食了!"

辅食添加的顺序和原则

每个宝宝的体质、发育程度都不尽相同，但只要遵循最基本的原则，辅食添加的过程就会变得顺利。总的来说，辅食的添加时间、添加顺序、添加方法基本上是一致的，爸爸妈妈可以参考一下。

宝宝的第一道辅食——营养米粉

第一次给宝宝添加辅食要吃什么呢？专家建议，首次添加辅食最好选择婴儿营养米粉。

婴儿营养米粉是专门为婴幼儿设计的均衡营养食品，其营养价值远超蛋黄、蔬菜汁、水果泥等营养相对单一的食物。营养米粉中的营养素是这个年龄段发育所必需的，而且营养米粉的味道接近母乳和配方奶，更容易被宝宝接受。

先加一种辅食，7 天后再加另一种

如果多种新食物同时添加，那么宝宝出现不适后会很难发现原因。所以，辅食要一种一种地慢慢增加。刚开始添加辅食时只能给宝宝吃一种与月龄相宜的食物，尝试 1 周后，如果宝宝的消化情况良好，再尝试另一种。

一旦宝宝出现异常反应，应立即停喂辅食，并在 3~7 天后再尝试喂这种食物。如果同样的问题再次出现，就应考虑宝宝是否对此食物不耐受，需停止喂这种食物至少 3 个月。

宝宝辅食添加 4 步曲

辅食添加的基本原则是：由少到多、由稀到稠、由细到粗、由单一到混合。在遵循此原则的基础上，还要由低敏到高敏，依次是米、蔬菜、水果、蛋黄，在宝宝满 7 个月后可以尝试少量肉类和豆类。其中，白肉（鱼肉、鸡肉、鸭肉）要先于红肉（猪肉、牛肉、羊肉）。

宝宝易过敏食物

制作易过敏食物时，要保证食材的新鲜，并确保熟透。一旦有过敏症状，立刻停喂这种食物。易引起过敏的食物有以下几种。

动物类

牛奶
诱发宝宝过敏的最常见食物。

鸡蛋清
1 岁之前不宜吃蛋清。

鱼虾
第 1 次吃鱼或虾时要少量，并密切观察。

海鲜
1.5 岁以内的易过敏宝宝建议先不吃。

水果类

菠萝
含有致敏性物质。

芒果
引发皮炎。

猕猴桃
猕猴桃里的果酸容易引起宝宝的过敏反应。

木瓜
易过敏宝宝慎食木瓜。

柿子
柿子不容易消化，易引起过敏。

豆类和坚果类

黄豆
不建议给 1 岁内的宝宝喝豆浆。

花生
花生是常见的易过敏食物。

开心果
过敏指数较高，建议宝宝 1 岁后甚至更晚食用。

腰果
含有多种过敏原，先吃一颗观察反应。

与儿科医生面对面

Q 宝宝的第一口“饭”是蛋黄吗?

A 很多家庭把蛋黄当作宝宝的第一道辅食。其实，这种做法并不妥当。过早添加蛋黄，很容易引起过敏。一般建议在宝宝7个月时开始添加，并且从1/8个蛋黄开始添加，逐渐过渡到1/4个、1/2个、3/4个、1个。特别提醒的是，宝宝最好满1岁时再开始吃全蛋。

Q 市售辅食和自制辅食哪个更好?

A 市售辅食最大的优点是方便，无需费时制作，而且花样繁多，有多种口味。自制辅食的最大优点是新鲜，在制作辅食的过程中，能够更深刻地体会到为人父母的那份幸福。

无论市售还是自制，只有营养丰富、易于吸收的辅食才能更好地促进宝宝健康成长。

Q 宝宝吃了几口米粉为啥不吃了?

A 刚开始添加米粉不要调得太稠，要稍微稀一些，每次喂的量要少。如果宝宝不喜欢吃不要勉强，给他(她)吃饱母乳或配方奶就好。如果宝宝实在不喜欢吃，也可以尝试换换其他品牌的米粉。

Q 吃辅食后拉肚子怎么办?

A 这是宝宝不适应辅食的表现，应减少或停止食用某种辅食，继续母乳喂养或配方奶喂养，随时观察。如果情况严重，停喂辅食后还是没有好转，建议带宝宝去医院及时就诊，以免延误病情。

Q 湿疹的宝宝能继续喂辅食吗?

A 宝宝湿疹发作大多与饮食有关，建议宝宝的食物中要有丰富的维生素、矿物质和水，而碳水化合物和脂肪要适量。如果宝宝有湿疹症状，妈妈要暂停给宝宝吃可能引发过敏症状的食物。如果情况严重可完全停喂辅食。另外，因为也可能会通过母乳致使宝宝过敏，所以妈妈也要注意尽量不吃易致敏的食物。

Q 先喝奶再吃辅食，还是先吃辅食再喝奶?

A 给宝宝喂辅食，应该安排在两次母乳或配方奶之间，先吃辅食再喝奶，这是比较理想的安排。如宝宝上午11点喝奶，可以在10点40分左右先吃辅食，吃完辅食再喝奶，这时喝奶的行为会成为辅食的补充和鼓励，宝宝渐渐就会享受辅食时光。

辅食添加的顺序

辅食添加是一个循序渐进的过程，妈妈不要着急，要给宝宝更多的时间来适应。在对食物的选择和加工上，妈妈可以参考下面宝宝辅食性状表。具体的要求要根据宝宝的发育情况和医生的建议来进行。

宝宝 4~5 个月时，宜选择流质食物，如米粉；6~8 个月时，宜选择半流质、泥糊状食物，如菜泥、稀粥；9~12 个月时，宜选择软固体、颗粒状食物，如软米饭、肉丁；1 岁以上就可以吃固体食物了。

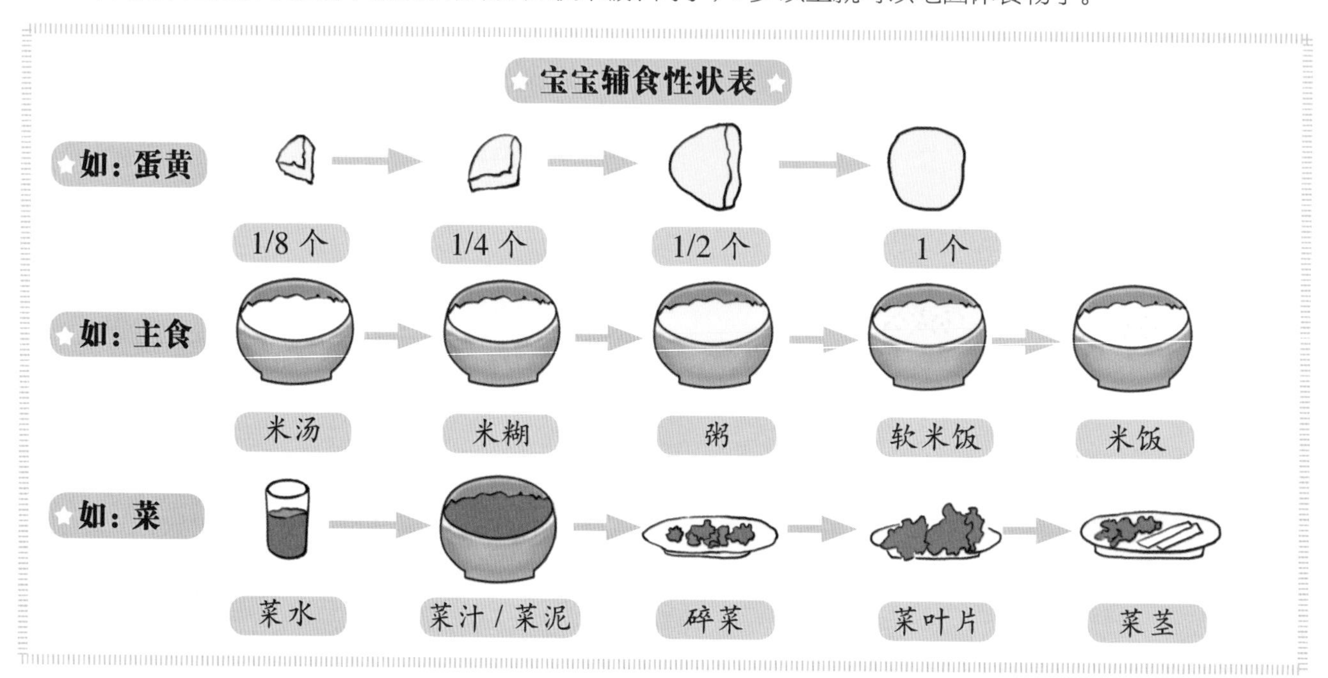

宝宝每天、每顿应该吃多少辅食

妈妈总是有这样的问题，宝宝每天吃多少辅食？每次吃多少合适？一般来说，在宝宝 1 岁以前，每天吃 2 次辅食比较合理。但宝宝每次接受辅食的量并不固定，爸爸妈妈要牢记一点：吃多了不限制，吃少了也不勉强。如果宝宝只吃了一点就不肯吃了，就应该停止喂食，以宝宝能接受的量为准。

与宝宝每天吃多少相比，妈妈更应该关心宝宝吃得好不好。比如宝宝是否对辅食感兴趣？若干次尝试后，宝宝是否接受了辅食？添加辅食后，宝宝有没有呕吐、腹泻、过敏？添加辅食一段时间后，宝宝的成长发育是否正常？只要宝宝能够慢慢接受母乳、配方奶之外的食物，健康成长，添加辅食的目的就达到了。

先喂辅食后喂奶，一次吃饱

家长给宝宝添加辅食往往比较随意，想起来就喂一点，这样会造成宝宝没有“饱”和“饿”的感觉，从而造成宝宝对吃饭兴趣不大。吃辅食应该安排在两次母乳或配方奶之间，先吃辅食，然后再补充奶，让宝宝一次吃饱。这样做能避免因少吃多餐而影响宝宝的进食兴趣和消化效果。

判断宝宝是否适应辅食

给宝宝添加辅食之后，妈妈要密切观察宝宝，判断宝宝是否适应辅食。

首先，要细心观察宝宝大便的情况：如果便便的次数和性状都没有特殊的变化，就是适应的。如果宝宝的大便出现如下变化，妈妈就需要根据具体情况调整一下辅食添加进度和内容了。

大便臭味很重：说明宝宝对蛋白质的消化不好，应暂时减少辅食中蛋白质的摄入。

大便发散、不成形：要考虑是否是辅食量多了或者辅食不够软烂，影响了消化吸收。

大便呈深绿色黏液状：多发生在人工喂养的宝宝身上，表示供奶不足，宝宝处于半饥饿状态，需加喂米汤、米糊、米粥等。

大便中出现黏液、脓血，大便的次数增多，大便稀薄如水：说明宝宝可能吃了不卫生或者变质的食物，因而有可能患了肠炎、痢疾等肠道疾病，需就医。

其次，要观察宝宝的进食量，如果宝宝吃不完，下次就要减少奶量和辅食量。如果宝宝每次都能将为他准备的奶或辅食顺利吃完，家长就可以逐渐给宝宝增加奶量或辅食量。辅食的进食量是判断宝宝是否适应的依据之一。

还可以观察宝宝的精神状况：有没有呕吐以及对食物是否依然有兴趣。如果这些情况都是好的，说明宝宝对辅食是适应的。如果宝宝对辅食的性状、口味不适应，妈妈要耐心地鼓励宝宝去尝试。有的宝宝其实不是对辅食的口味不适应，而是对进食的方式不适应，因为要由原来的吸吮改为由舌尖向下吞咽，学习咀嚼。如果宝宝添加辅食的时间过晚，那么原有的吸吮习惯将会更大地影响宝宝接受新的进食方式。

咀嚼不是生来就会，要提前训练

宝宝天生就会吃奶，但是咀嚼并不是天生的，需要后天的训练。咀嚼需要一定的前提条件——长出磨牙和学会有效的咀嚼动作。在宝宝还没有萌出磨牙的时候，爸爸妈妈应该有意识地训练宝宝的咀嚼动作。当宝宝进食泥状食物时，喂食者可以同时嚼口香糖或其他食物，并进行夸张的咀嚼动作。通过这样的行为诱导，宝宝会逐渐意识到吃食物时应该先咀嚼，并会模仿大人的动作。

首次添加辅食请放在上午进行，以便观察宝宝的适应情况。

宝宝辅食吃什么

从宝宝尝试第一口辅食开始，到宝宝 1 岁后能吃大多数食物，期间宝宝辅食吃什么、怎么吃，哪些食物不能吃，这些问题就成了妈妈们所关注的焦点。下面就逐一为您解答这些问题。

妈妈们别盲目崇拜蛋黄

妈妈们习惯将蛋黄作为宝宝的第一道辅食，其实这并不适合。鸡蛋黄的营养确实对婴幼儿成长发育有重要作用，但是过早添加蛋黄容易导致宝宝消化不良。建议等宝宝满 7 个月后再添加蛋黄，而且应从 1/8 个蛋黄开始添加，逐渐过渡到一整个。

即使宝宝能吃蛋黄了，也不能单一地只吃蛋黄。很多家长都很困惑："每天给宝宝吃 2 个蛋黄，怎么他的体重还是增长这么缓慢呢？"虽然鸡蛋富含蛋白质，但并不包含所有的营养素，建议最好用鸡蛋黄搭配富含碳水化合物的米粉、粥、面条等食物给宝宝食用，还可混合青菜，这样更有利于营养的吸收。

磨牙没长出前，不能吃小块状的食物

即使宝宝学会了咀嚼动作，在长出磨牙之前，也不能给他吃小块状的食物。没有磨牙参与的咀嚼动作，不能使食物达到有效的研磨。

如果过早给宝宝添加小块粒食物，一些宝宝可能不接受小块状的食物，会吐出来，但是也有些宝宝吞咽能力强，很可能会将未充分研磨的食物吞进肚里，这样就会造成食物消化和吸收不完全，既会增加食物残渣量，同时也影响了营养的吸收，长期下去还可能造成生长缓慢。

不同时期辅食软硬度标准

宝宝在不同的月龄，适合食用的食物软硬度不一样。下面就把生活中常见的食物按照月龄标注一下，供妈妈们参考。

	大米	南瓜	面条
4~6 个月	含铁的米粉，营养又不易过敏。	南瓜蒸熟捣烂，做成泥状。	暂不添加。
7~8 个月	米水 1∶7 的比例熬成粥。	2~3 毫米的小块，煮至又软又烂。	2~3 毫米的小条，煮至软烂。
9~11 个月	米水 1∶5 的比例熬成粥。	4~5 毫米的小块，煮至硬度如成熟的香蕉。	1 厘米长的小条，煮至软烂。
1~1.5 岁	米水 1∶2 的比例熬成软饭。	8~10 毫米的小块，煮至用勺子可轻松切开。	比成人吃的稍微软烂一些。

与儿科医生面对面

Q 宝宝什么时候可以喝牛奶、酸奶?

A 宝宝满1岁后，就可以喝牛奶了，但说到底还是配方奶更适合宝宝。所以如果不考虑价格的话，宝宝可以一直喝配方奶，到3岁再换牛奶。1岁以后宝宝也可以尝试酸奶了，但不要一次喝太多，酸奶中的乳酸对宝宝的胃有一定的刺激作用，可以先尝试少量酸奶，如果宝宝能够适应，再逐渐加量。

Q 添加辅食后，宝宝开始厌奶怎么办?

A 有些宝宝在添加辅食后不爱吃奶，针对这种情况，妈妈可以在宝宝饥饿时先喂奶再喂辅食，这有助于安抚宝宝的情绪，但此时的喝奶量最好不要超过50毫升，以免宝宝喝奶后吃不下辅食，剩余的奶可以等吃完辅食后，过一会儿再喝。妈妈还可以适当减少辅食的量，让宝宝能更好地吃奶。

Q 宝宝不爱喝水怎么办?

A 不爱喝水不代表一定要补水。母乳中含有足够的水分，所以母乳喂养的宝宝很少会有渴的感觉，也就不需要每天补水了。人工喂养的宝宝则需要在两顿奶之间喂一次水，以防宝宝上火。在给宝宝喂水的时候，首选白开水，每次喂的水量以宝宝能接受为准，宝宝不喝，就不要勉强。

Q 宝宝不知道饿，是怎么回事?

A 有些妈妈总怕宝宝吃不饱，所以经常喂奶喂到宝宝吃不下为止，时间一长，就会破坏宝宝的摄食中枢神经，导致他不知饥饱。长此以往，不但容易造成热量、脂肪摄入过多，引发肥胖，还会导致宝宝因为没有饥饿感而缺乏食欲，对吃饭失去兴趣。

Q 怎样让宝宝习惯吃勺子里的食物?

A 首先要准备一把适合宝宝的勺子，例如宝宝专用的硅胶软头勺，这种小勺跟奶嘴的质地相似，更容易被宝宝接受。其次，就是通过反复用勺子喂宝宝，让宝宝对勺子熟悉起来。可以先用小勺子盛上一些乳汁或水喂给宝宝，让他习惯用勺子喝奶、喝水，这时候再用勺子喂辅食，就会比较容易。

Q 宝宝比同龄宝宝吃得少，会影响发育吗?

A 以满8个月的宝宝为例，通常每天喝奶700~800毫升，但很多宝宝只喝600毫升就饱了。辅食添加也是如此，宝宝有自己的食量，不能强制。妈妈不应该以别人家孩子的进食状况作为自己宝宝的进食标准。如果宝宝精神状态很好，睡眠、大小便都很正常，就不会影响到生长发育。

正确冲米粉，宝宝吸收好

添加米粉初期，它是辅食，后期会成为辅食中的主要食物，而且味道也会逐渐接近成人食物。正确冲泡米粉，对宝宝吸收营养有重要的作用。

大部分的婴儿米粉中都添加了一些营养素，用开水冲米粉容易破坏这些营养素。正确的方法是使用 60~70℃的水来冲米粉，既能保存营养素，又可以使米粉充分糊化。米粉加温开水冲调后沿着一个方向搅拌，若有结块颗粒，要用勺子压碎。

有些妈妈用配方奶冲泡米粉，认为这样更加有营养，这是不可取的。如果用配方奶冲米粉，会导致其味道和成人食物相差较远，不利于宝宝以后接受成人食物。而且配方奶冲调的米粉浓度太高，会增加宝宝肠胃的负担，甚至导致消化不良。因此，用配方奶冲调米粉并不可取。

不要随意添加营养品

市场上为宝宝提供的各种营养品很多，补锌、补钙、补赖氨酸等，令人眼花缭乱，使爸爸妈妈们无所适从。

究竟要不要给宝宝吃营养品和补剂，这是因人而异的。如果宝宝身体发育情况正常，就完全没必要补充。营养品和补剂的营养成分并非对人体的各方面都有功效，其中的一些成分在食物里就有。即使人体缺乏某种营养素，也可以通过食物来补充。盲目添加营养品对宝宝的身体是无益的。实际上，获得营养的最佳途径是摄取健康天然的食物。

用碗和勺子喂辅食好处多

给宝宝吃辅食不只是为了增加营养，同时也是为了促进宝宝的发育。建议大家使用碗和勺子给宝宝喂辅食。因为用碗和勺子喂养，不仅方便进食，而且有利于宝宝的行为发育。经过卷舌、咀嚼然后吞咽的过程，可以训练宝宝的面部肌肉，为今后说话打好基础。

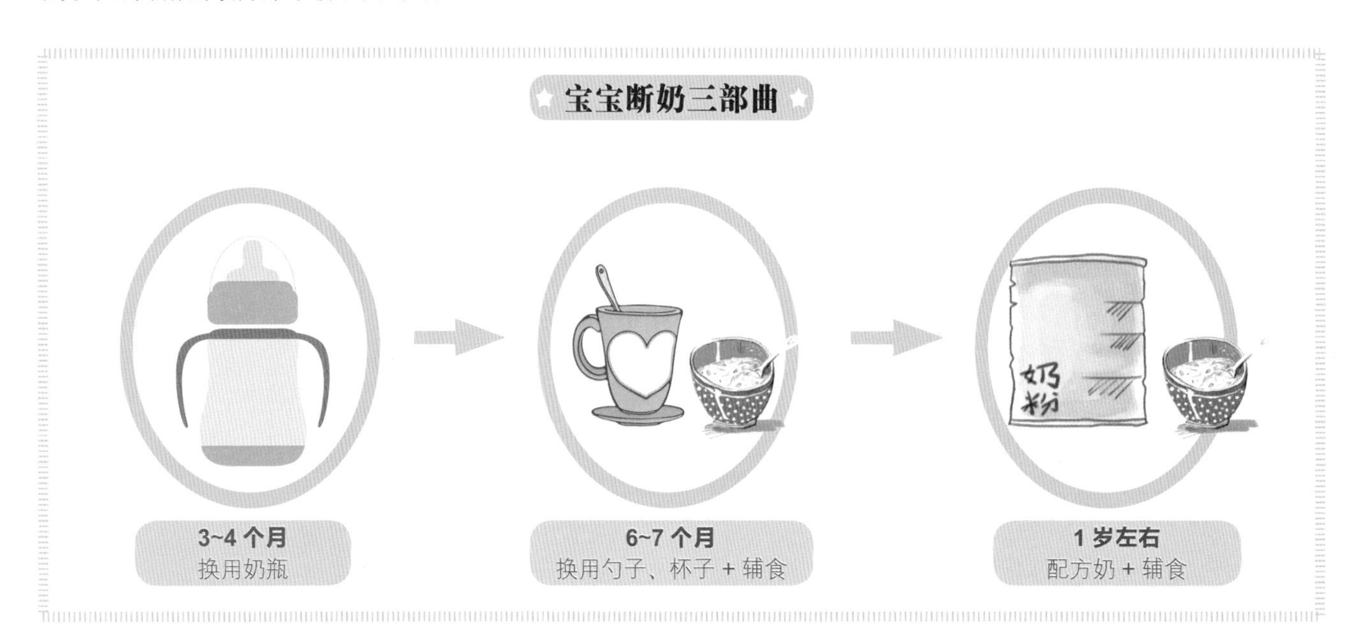

别给宝宝尝成人食物

母乳和配方奶的味道比较淡，宝宝的辅食味道也很清淡，所以他能够很容易接受辅食。一旦他尝了成人的食物，哪怕只是一小口，都会刺激宝宝的味觉。如果他喜欢上成人食物的味道，那么就很难再接受辅食的味道，容易出现喂养困难。

宝宝还无法适应和成人完全一样的食材和烹调方式。

为什么有些宝宝添加辅食后会皮肤发黄

宝宝八九个月的时候，有些妈妈会突然发现宝宝的手掌、脚掌和面部皮肤发黄，于是担心宝宝得了黄疸，其实并不一定如此。如果宝宝的巩膜（白眼球）没有发黄，饮食、睡眠、大小便都正常，肝功能检查也正常，就可以回忆一下宝宝近期是否吃了太多胡萝卜、南瓜等含有类胡萝卜素的辅食。

胡萝卜、南瓜、柑橘等都是非常有营养的食物，但是也不能长期大量食用。这类食物中含有丰富的类胡萝卜素，而类胡萝卜素在体内的代谢率较低，因此容易造成皮肤发黄，医学上称之为“高胡萝卜素血症”。这种情况不会对宝宝的健康有所伤害，只要让宝宝暂时停止食用这些食物，很快就能恢复肤色。

盐、糖、蛋清、蜂蜜，1 岁内宝宝都别碰

有些家长在给宝宝做辅食时，习惯加点盐，以为这样宝宝会更爱吃，同时也会补充钠。其实，1 岁内的宝宝所吃辅食不应主动加盐、糖等调味料。1 岁以内的宝宝宜进食母乳、配方奶和泥糊状且味道清淡的食物，最好是原汁原味的。

鸡蛋特别是蛋黄，含有丰富的营养成分，非常适合宝宝食用。但是鸡蛋的蛋清可能含有抗生物素蛋白，在肠道中可以直接与生物素结合，从而阻止生物素的吸收，导致宝宝患生物素缺乏症及消化不良、腹泻、皮疹甚至过敏。有些 8 个月以内的宝宝还可能会对卵清蛋白过敏，因此应避免食用蛋清。建议宝宝 1 岁后再开始吃全蛋。

蜂蜜在制作过程中容易受到肉毒杆菌的污染，而且肉毒杆菌在 100℃的高温下仍然可以存活。宝宝的抗病能力差，食用蜂蜜非常容易引起肉毒杆菌性食物中毒。所以，1 岁内的宝宝最好别碰蜂蜜。

宝宝辅食轻松做

虽然市面上有售卖的辅食，但自制辅食更新鲜，营养更丰富。而且爸爸妈妈在制作辅食的过程中，能更深刻地体会到为人父母的那份幸福。下面就让我们一起来看看如何制作辅食。

传统家当、辅食机、料理机哪个更给力

传统家当的好处是不用另外购置工具，菜板、刀具、锅碗瓢盆都能用，省钱。不过宝宝的辅食一般要切小剁烂，所以用传统家当就会比较费时费力。

辅食机集蒸煮、搅拌为一体，操作起来非常方便，是妈妈制作辅食的“利器”，省时又省力。而且用辅食机制作出来的泥都很细腻，非常适合刚添加辅食的宝宝。不过置备辅食机要破费一笔，而且等宝宝长大些，就不需要制作泥状食物了，所以利用率比较低。

料理机最基本的功能就是搅拌和磨碎功能，但是它没有蒸煮的功能，所以比起辅食机，它的功能稍微弱一些，而且有些机型清洗时比较费时。

宝宝辅食是越碎越好吗

添加辅食之初，宝宝的辅食是越碎越好、越细越好，因为这时候宝宝还没有学会咀嚼，只会吞咽。但是宝宝辅食并不一直是越碎越好，等宝宝 6 个月后，口腔分泌功能日渐完善，神经系统和肌肉控制能力也逐渐增强，吞咽活动已经很自如了，就可以吃一些带有小颗粒状的食物了。而且在 10 个月之前，应逐渐让宝宝学会吃固体食物。这不仅是满足身体对营养的需求，同时也是锻炼口腔运动和促进面部肌肉控制力的需要。

辅食制作工具

制作辅食跟平时烹饪不太一样，除了要专门给宝宝准备一套菜板、刀具、削皮器外，还需要准备一些小工具，让辅食制作变简单。

榨汁工具

榨汁机
适合自制果汁。最好选购有特细过滤网、可分离部件的。

挤橙器
适合自制鲜榨橙汁，食用方便，容易清洗。

研磨工具

研磨器
将食物磨成泥，是辅食添加前期的必备工具。

辅食机
操作方便，磨出的食物更细腻，但后期利用率低。

料理棒
食物蒸熟后用料理棒搅打也会很细腻均匀。

蒸煮工具

小汤锅
烫熟食物或煮汤用，更适合宝宝的食量，而且比普通汤锅省时省能。

蒸锅
蒸熟或蒸软食物，如土豆、南瓜等，蒸出来的食物口感鲜嫩、熟烂、容易消化、含油脂少，能最大程度地保留营养。

与儿科医生面对面

Q 怎么给宝宝喂果汁?

A 4~6 个月的宝宝肠胃发育还不完全，因此在给宝宝喂果汁的时候需要先用温开水稀释，果汁和温开水的比例以 1:2 为宜，然后再将汁水给宝宝喝，以利于宝宝吸收。等宝宝长大一些了，可以把果肉渣连同果汁一起喂给宝宝，来增加膳食纤维的摄入量。

Q 怎么在家给宝宝做面条?

A 除了给宝宝吃儿童专用面条，妈妈也可以在家给宝宝亲手做面条。做面条时，可以按照手擀面的做法，但是要注意，水要多，面团要软，擀出来的面皮要薄，切出来的面条要细，煮面条的时间要长一些。在和面的时候，还可以加个蛋黄或者蔬菜汁，如菠菜汁、胡萝卜汁等，让宝宝更喜欢吃。

Q 磨牙棒怎么做?

A 香菇磨牙棒：鲜香菇洗净，去除根蒂，放入沸水中煮熟，但不要煮得过于软烂，待香菇变凉即可。鸡蛋胡萝卜磨牙棒：蛋黄、配方奶和胡萝卜泥与面和在一起，做成扁圆状，切成手指长度，烤熟即可。红薯干磨牙棒：新鲜红薯去皮切成粗条，蒸熟晒干就可以了。

Q 宝宝便秘时该如何添加辅食?

A 宝宝便秘了，妈妈可以做红薯泥、菜粥、香蕉泥等富含膳食纤维的食物给宝宝吃，可以促进肠胃蠕动，利于软化粪便，对排便有好处。此外，可以让宝宝多活动，对于还不能独立爬行的宝宝，爸爸妈妈可以多抱抱宝宝，或经常用手掌按顺时针方向绕着宝宝的肚脐揉揉宝宝的小肚子。

Q 宝宝能吃果冻吗?

A 果冻虽然看起来是很软的食物，但是韧性较大。1 岁内的宝宝如果吞咽不好，会将这些食物黏附于喉咙上，引起窒息。从营养方面来说，果冻的营养显然没有新鲜水果丰富，而且里面还含有多种食物添加剂，对宝宝健康无益。

Q 怎么做软米饭好吃?

A 宝宝 10 个月就可以吃软米饭了。想让软米饭更好吃，有几个小窍门：一是在煮饭时滴几滴米醋，米饭熟后香味很浓郁，而醋味会自然消失。二是用开水煮饭，可以有效减少维生素 B_1 的流失，营养价值高。三是软米饭快熟的时候，加些碎菜、碎肉煮一煮，这样米饭混合着蔬菜、肉的香味，十分开胃。

怎么给辅食工具消毒

宝宝抵抗力较弱，所以要特别重视辅食工具的清洁和消毒。

煮沸消毒法：这种消毒法妈妈们用得最为普遍，就是把宝宝的辅食工具洗干净之后放到沸水中煮 2~5 分钟。有些工具不是陶瓷或玻璃制品，煮的时间不宜过长。汤锅、蒸锅、榨汁器等辅食工具不能煮，要用沸水烫一下再用。

蒸汽消毒法：把工具洗干净之后放到蒸锅中，蒸 5~10 分钟。这种方法很适合玻璃材质的工具。

日晒消毒法：木质的研磨棒、菜板等不宜长时间煮、蒸，最好用开水烫一下，用厨房纸吸干水分后晒一下，比较安全，又不会降低这些工具的使用寿命。

制作辅食的小窍门有哪些

适当准备宝宝辅食制作常用工具，如小汤锅、研磨器、挤橙器等。它们的优点是可以做到宝宝专用，而且这些工具在设计过程中，在材质、清洗方面都做得较好，是"懒妈妈"的好帮手。但是，价格有点贵，大多在几十元到几百元不等 。

多样的辅食制作方法可供妈妈们选择：

1. 煮少量的汤时，可以将小汤锅倾斜着烧煮。

2. 适当使用微波炉制作辅食。

3. 想要煮出质软且颜色翠绿的蔬菜，水一定要充分沸腾。

4. 要垂直于蔬菜和肉的纤维下刀，切断纤维，更便于宝宝咀嚼。

5. 在煮软米饭的时候滴几滴米醋，等软米饭做好了，香味很浓郁，醋味也会消失，还不容易变质。

6. 在制作辅食时，妈妈们可以用鸡肉汤、蔬菜汤等给宝宝煮粥、煮面条，营养又美味。

7. 妈妈在为宝宝制作辅食时，也要讲究外观。可利用辅食模具做成宝宝喜欢的造型，模样可爱、别致的食物更能引起宝宝的兴趣。

新手妈妈必学的制作手法

挤压：蔬菜汁、水果汁可以用清洁纱布挤汁，或放在小碗里用小勺压出汁，也可用榨汁机榨汁。

捣碎：青菜叶和水果煮熟后，都要先捣碎，再放入过滤网中进行过滤，制作成青菜汁或者是水果汁。

研磨：煮熟的豆类、南瓜、薯类及无刺的鱼肉等均可放在研磨器中研磨。

擦碎：像胡萝卜、土豆、苹果等，就可以直接用擦板擦成细丝，再做成糊状的食物。

切断：不同材料切碎的方法不尽相同，碎末、薄片或小丁，都要根据宝宝实际发育情况（包括摄食技巧、消化能力等）来处理。

辅食制作的注意事项

要单独制作。宝宝的辅食特别讲究卫生，要单独制作，餐具和食物要和家人的分开存放和使用。

辅食要现做。宝宝胃肠道抵抗感染的能力极为薄弱，需要格外强调婴幼儿膳食的饮食卫生，喂给宝宝的食物最好现做，不要喂剩存的食物，以减少宝宝肠道的细菌、病毒以及寄生虫感染的概率。

不能放盐。我国成人高血压的高发与食盐的高摄入量有关，要控制和降低盐摄入量，必须从儿童时期开始，而且控制得越早，收到的效果会越好。

少放糖或不放糖。宝宝的味觉正处于发育过程中，对外来调味品的刺激比较敏感，加调味品容易造成宝宝挑食或厌食。

花样做辅食。如果宝宝偏食挑食，可以把不同的食物混合在一起，调节口味，改进烹饪方式，鼓励宝宝进食。

市售辅食该不该吃

市售辅食最大的优点就是方便，无需费时制作，而且花样繁多，有多种口味，营养全面且易于吸收，能充分满足宝宝的营养需求。但是，市售辅食在新鲜度上不及自制辅食，而且它只是一种过渡食品，只能满足宝宝一段时间内的营养需要。

只有营养丰富、吸收良好的辅食，才能更好地促进宝宝健康成长。因此，可以在自制辅食的基础上搭配市售辅食给宝宝食用。那么，面对市面上琳琅满目的辅食，要如何选择呢？

首选天然成分的食品。制作的材料取自于新鲜蔬菜、水果及肉蛋类，不加人工色素、防腐剂、乳化剂、调味剂及香味素，即使有甜味也是天然的。

适龄性。宝宝的消化功能是在出生后才逐渐发育完善的，即在不同的阶段胃肠只能适应不同的食物，所以选购时，一定要考虑宝宝的月龄和消化情况。

选好品牌。尽量选择规模较大、产品质量和服务质量较好的品牌的产品。

仔细看外包装。看包装上的标志是否齐全。按国家标准规定，在外包装上必须标明厂名、厂址、生产日期、保质期、执行标准、商标、净含量、配料表、营养成分表及食用方法等项目，缺少上述任何一项都不规范。

注意食品标签。仔细阅读食品标签，看营养成分表中标明的营养成分是否明确，含量是否合理，有没有强化宝宝需要的营养素，有无对宝宝健康不利的成分。如营养米粉，除了富含碳水化合物之外，可以看看是否强化了铁质，因为在宝宝添加米粉作为辅食的阶段，是比较容易出现贫血的时候，如果米粉中强化了铁质，对于预防宝宝贫血会有帮助。

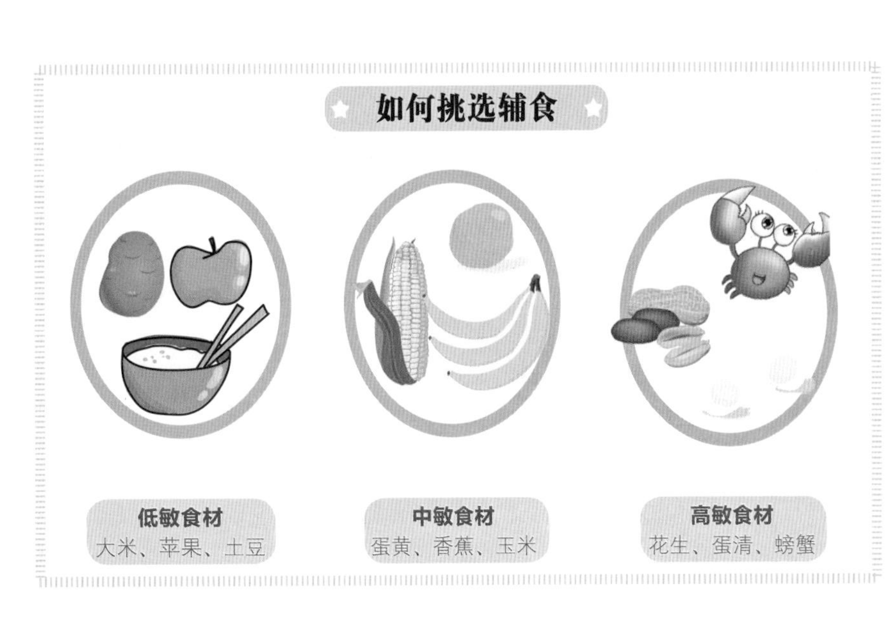

第 2 章

4～6个月：要吃米粉哦

宝宝开始添加辅食啦！你会发现宝宝目不转睛地盯着餐桌上的食物，对饭菜表现出极大的兴趣，伸着小手要抓。但是，他现在还不能吃这些哦！宝宝应该从吃婴儿营养米粉开始慢慢接受辅食。妈妈千万不要想着一步到位，把成人的饭菜汤汁喂给宝宝吃！

4~6个月宝宝的身体发育和营养补充

宝宝越来越活泼了，此时会哭、会笑、会翻身、会玩耍，甚至会坐在那里煞有介事地和爸爸妈妈“咿咿呀呀”地聊天，似乎还会看大人的脸色，懂得大人的喜怒变化了。

6个月宝宝会这些

- 视野扩大，可以自由转头，喜好探索新事物。
- 听力发展越来越敏锐，能听出熟悉的亲人的声音，并会转头找到说话的人。
- 听到自己的名字会回头，听到“妈妈”会朝自己的妈妈看。
- 触觉和味觉发展较快，双手喜欢抓摸玩具，能分辨各种味道。
- 大运动能力增强，即身体和四肢的运动能力增强，能独坐片刻、会撕纸、会将玩具倒手。
- 能区别严厉和亲切的态度。

体重[①]

- 4个月时，男宝宝的体重平均为7.45千克；6个月时，男宝宝的体重平均为8.41千克。
- 4个月时，女宝宝的体重平均为6.83千克；6个月时，女宝宝的体重平均为7.77千克。
- 这个月份的宝宝体重波动性很大，如果宝宝不太爱吃东西，或者是生病，体重会受到较大的影响。但这没有太大关系。宝宝饮食好转会出现补长现象，赶上同月龄宝宝的体重标准。

身高[②]

- 4个月时，男宝宝的身高平均为64.6厘米；6个月时，男宝宝的身高平均为68.4厘米。
- 4个月时，女宝宝的身高平均为63.1厘米；6个月时，女宝宝的身高平均为66.8厘米。

营养补充

- 坚持母乳喂养，母乳中铁的吸收利用率较高。
- 适当补充维生素B_2，可以促进铁吸收。
- 补充牛磺酸，宝宝眼睛黑又亮。
- 辅食添加应少量，每天不超过2次。
- 辅食少用调味品，宝宝1岁前不加盐。
- 4~6个月的宝宝很容易发生缺铁性贫血，哺乳妈妈可以多吃一些含铁丰富的食物。

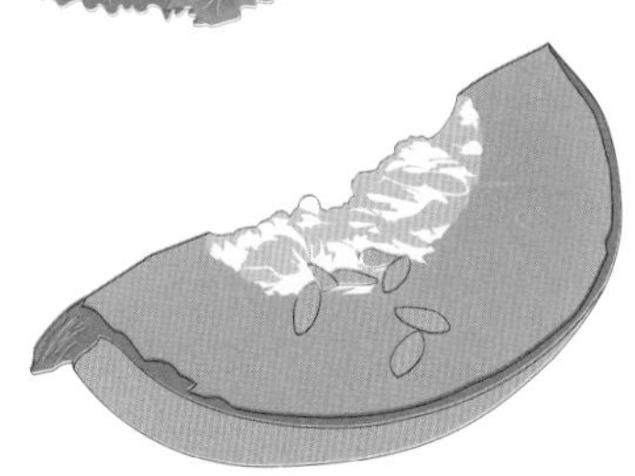

注①②：本数据来源于2009年卫生部妇幼保健与社区卫生司发布的《中国7岁以下儿童生长发育参照标准》。

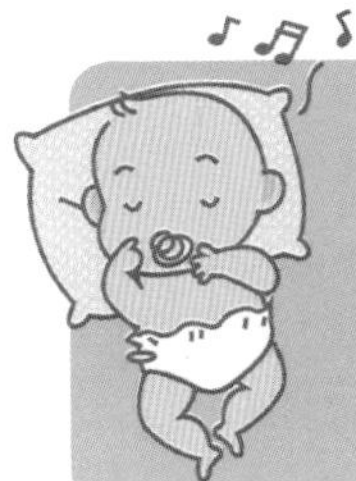

吃得好，睡得好

此阶段宝宝的睡眠基本保持在每天13~15个小时，母乳和配方奶是营养的主要来源。给宝宝安排辅食，可以在午饭的时候添加一次，午饭前也可以给宝宝喝点米汤或果汁。

宝宝最爱吃的辅食餐

4~6 个月，开始给宝宝添加辅食，妈妈要从米粉开始添加。关于米粉，妈妈可以自制也可以选择市售的米粉。除了添加米粉外，还可以给宝宝喂些米汤或天然的自榨果汁，但是要注意稀释，量不要多，循序渐进。

婴儿米粉

米粉是专门为婴幼儿设计的初始辅食，富含各种营养素，特别是此阶段宝宝生长发育所需的铁，可以通过米粉获取，以防止缺铁性贫血。

准备： 1 分钟 **烹饪：** 1 分钟

辅食次数： 1 天 1 次

1 次吃多少： 15 毫升

原料： 婴儿米粉 15 克。

做法：

1 取 15 克婴儿米粉，加入三四匙温水，静置一会儿，使米粉充分浸润。

2 用筷子按照顺时针方向搅拌成糊状，盛入碗中，用勺喂宝宝即可。

促进生长发育，补铁

铁 锌 维生素 C 蛋白质

冲调米粉的水温以 60~70℃为宜，水温过高会造成营养流失。

大米汤

大米汤味道香甜，含有丰富的蛋白质、碳水化合物及钙、磷、铁、维生素 C 等营养成分。腹泻脱水的宝宝喝点大米汤能起到止泻效果。

准备：1 小时 烹饪：20 分钟

辅食次数：1 天 2 次

1 次吃多少：15 毫升

原料：大米 50 克。

做法：

1 将大米洗净，用水浸泡 1 小时，放入锅中加入适量水，小火煮至水减半时关火。

2 用汤勺舀取上层的米汤，晾至微温，喂宝宝即可。

补钙，止泻

黑米汤

黑米富含碳水化合物、锌、铜、钙等营养物质，可促进宝宝骨骼和大脑的发育，为宝宝补充充足的营养，提高宝宝的身体免疫力。

准备：1 小时 烹饪：30 分钟

辅食次数：1 天 1 次

1 次吃多少：15 毫升

原料：黑米 50 克。

做法：

1 黑米淘洗干净（不要用力搓），用水浸泡 1 小时，不换水，直接放火上熬煮成米汤。

2 待米汤温热不烫后，取米汤上层的清液 10~15 毫升，喂宝宝即可。

促进骨骼和大脑发育

小米汤

小米汤味道清香，谷味醇重，宝宝会很爱喝。小米汤有助于促进食欲，养脾胃，对宝宝的生长发育大有裨益。

准备：2 分钟 烹饪：20 分钟

辅食次数：1 天 1 次

1 次吃多少：15 毫升

原料：小米 50 克。

做法：

1 小米淘洗干净。

2 锅中放入水，待水开后放入小米，小火熬煮至熟。

3 米汤熟后晾温，取米汤上层的汁液 10~15 毫升喂宝宝。

促进食欲，养脾胃

胡萝卜米汤

胡萝卜富含胡萝卜素，在人体内可转变为维生素A。维生素A能保护眼睛，促进生长发育，提高免疫力，是宝宝辅食的理想食材。

准备： 5 分钟 **烹饪：** 20 分钟

辅食次数： 1天1次

1次吃多少： 15毫升

原料： 大米30克，胡萝卜半根。

做法：

1 将胡萝卜洗净去皮，切成小丁；大米洗净。

2 将胡萝卜丁和大米一同放入锅内，加适量水煮成粥，胡萝卜要煮到绵软。

3 待粥晾温后取上层的汤即可。

保护宝宝视力

苹果米汤

苹果不仅含有丰富的维生素和矿物质等大脑必需的营养素，而且更重要的是富含锌。锌可以增强宝宝的免疫力、记忆力和学习能力。

准备： 5 分钟 **烹饪：** 20 分钟

辅食次数： 1天2次

1次吃多少： 15毫升

原料： 大米30克，苹果半个。

做法：

1 将大米淘洗干净；苹果洗净，削皮，去核，切成小块。

2 将大米和苹果块一同放入锅中，加适量水煮成粥。

3 待粥晾温后取上层的汤即可。

促进宝宝智力发育

维生素C

西红柿米汤

西红柿富含维生素C，能提高宝宝的免疫力，防治感冒。西红柿还富含苹果酸等有机酸，可调节肠胃功能，帮助消化。

准备： 30 分钟 **烹饪：** 20 分钟

辅食次数： 1天1次

1次吃多少： 15毫升

原料： 大米30克，西红柿1个。

做法：

1 大米洗净，浸泡30分钟；西红柿洗净，用开水烫一下去皮，切小块，用榨汁机打成泥。

2 大米加水，煮成粥，快熟时加入西红柿泥，熬煮片刻停火。

3 待粥晾温后取米汤即可。

防治感冒，帮助消化

橙汁

橙子中富含维生素C、膳食纤维、钙、磷等营养，能增强抵抗力，还可促进肠道蠕动，尤其适合配方奶喂养的宝宝。

准备： 5 分钟 **烹饪：** 5 分钟

辅食次数： 每天1次

1次吃多少： 15毫升

原料： 橙子半个。

做法：

1 将橙子洗净，横向一切为二。

2 将剖面覆盖在挤橙器上旋转，使橙汁流出。

3 喂食时加适量温开水调匀。

增强抵抗力，预防便秘

葡萄汁

葡萄富含有机酸和矿物质以及各种维生素、氨基酸、蛋白质等，能促进食物消化、吸收，有利于宝宝的健康成长。

准备： 5 分钟 **烹饪：** 5 分钟

辅食次数： 每天1次

1次吃多少： 15毫升

原料： 葡萄50克。

做法：

1 将葡萄洗净，去皮、去子。

2 将葡萄放入榨汁机中，加入适量的温开水，榨成汁，过滤出汁液即可。

促进消化吸收

梨汁

梨性微寒，汁甜味美，有生津润燥、清热化痰、润肠通便的功效，可用于治疗宝宝肺热咳嗽、咽痛。

准备： 5 分钟 **烹饪：** 5 分钟

辅食次数： 每天1次

1次吃多少： 15毫升

原料： 梨半个。

做法：

1 梨洗净去皮、核，切成小块。

2 将梨块放入榨汁机中，加入2倍的温开水榨成汁，过滤出汁液即可。

润肺清燥，保护肝脏

草莓汁

草莓鲜美红嫩，果肉多汁，含有特殊的浓郁水果芳香。草莓中所含的胡萝卜素是合成维生素A的重要物质，具有明目养肝作用。

准备： 10 分钟 **烹饪：** 5 分钟

辅食次数： 1天2次

1次吃多少： 15毫升

原料： 草莓3个。

做法：

1 把草莓放在淡盐水里浸泡10分钟，然后用清水冲洗干净，去蒂。

2 将草莓倒入榨汁机中榨出汁，加入适量温开水调匀即可。

明目养肝，开胃

香蕉汁

香蕉富含膳食纤维，能够促进胃肠蠕动，帮助排便，尤其适合配方奶喂养的宝宝。如果宝宝的便便是稀的，那就不要喂香蕉了。

准备： 1 分钟 **烹饪：** 5 分钟

辅食次数： 1天1次

1次吃多少： 15毫升

原料： 香蕉1根。

做法：

1 香蕉去皮后，掰成段，放入榨汁机里。

2 加入适量的温开水榨成汁，调匀即可。

促进肠胃蠕动

樱桃汁

樱桃富含铁，每100克樱桃中含铁量多达360毫克，丰富的铁可促进血红蛋白再生，预防宝宝患缺铁性贫血。

准备： 5 分钟 **烹饪：** 5 分钟

辅食次数： 1天1次

1次吃多少： 15毫升

原料： 樱桃100克。

做法：

1 将樱桃洗净，去梗、去核。

2 将樱桃放入榨汁机中，榨汁，过滤粗渣，倒入杯中，加适量温开水调匀即可。

补铁，预防贫血

西红柿汁

西红柿含有丰富的营养，包括维生素C、胡萝卜素、有机酸等，其含有的胡萝卜素在转化成维生素A后能促进骨骼生长，防治佝偻病和夜盲症。

准备： 5 分钟 **烹饪：** 5 分钟

辅食次数： 1天1次

1次吃多少： 15毫升

原料： 西红柿1个。

做法：

1 把西红柿洗净，用热水烫后去皮。

2 用汤匙捣烂，再用消过毒的洁净纱布包好，挤出汁倒入杯中，加入适量温开水调匀。

促进骨骼生长，保护皮肤

黄瓜汁

黄瓜能帮助宝宝强健心脏和血管，促进神经系统功能发育，增强宝宝记忆力，但黄瓜性凉，别给宝宝食用太多。

准备： 5 分钟 **烹饪：** 5 分钟

辅食次数： 1天1次

1次吃多少： 10毫升

原料： 黄瓜半根。

做法：

1 黄瓜去皮，切成小块。

2 将黄瓜块放入榨汁机中，加适量的温开水，榨成汁即可。

促进神经系统功能发育

西蓝花汁

西蓝花中的营养成分，不仅含量高，而且十分全面，主要包括蛋白质、碳水化合物、脂肪、矿物质、维生素C、胡萝卜素、钙等。

准备： 20 分钟 **烹饪：** 10 分钟

辅食次数： 1天1次

1次吃多少： 15毫升

原料： 西蓝花100克。

做法：

1 将西蓝花放在淡盐水或淘米水里浸泡20分钟后洗净，掰成小朵。

2 锅中加适量水，煮沸，放西蓝花煮熟。

3 将熟西蓝花放入榨汁机中，加适量温开水榨汁，过滤出汁液即可。

全面补充营养

胡萝卜苹果汁

胡萝卜富含胡萝卜素，可增强宝宝视网膜的感光力。胡萝卜与苹果一起煮汁饮用，味道甜美，还能健脾消食、润肠通便。

准备： 5 分钟 **烹饪：** 15 分钟

辅食次数： 1 天 2 次

1 次吃多少： 15 毫升

原料： 胡萝卜半根，苹果半个。

做法：

1 苹果去皮，洗净，去核，切丁；胡萝卜洗净，切丁。

2 将苹果丁和胡萝卜丁放入锅内，加适量水煮 10 分钟，至胡萝卜丁、苹果丁均软烂，滤取汁液即可。

促进视力发育，通便

西红柿苹果汁

西红柿富含维生素 C，苹果富含膳食纤维，两者是非常好的搭配。西红柿苹果汁在补充营养的同时，还能调理肠胃、增强体质、预防贫血。

准备： 5 分钟 **烹饪：** 15 分钟

辅食次数： 1 天 1 次

1 次吃多少： 15 毫升

原料： 西红柿 1 个，苹果半个。

做法：

1 将西红柿洗净，用开水烫一下去皮，切小块，用纱布把汁挤出。

2 苹果去皮、核，洗净，切块，用榨汁机榨汁。

3 取苹果汁放入西红柿汁中搅拌，以 1:2 的比例加温开水即可。

增强体质，预防贫血

西瓜桃子汁

西瓜性偏凉，桃子性偏热，两者搭配不会伤害宝宝的脾胃，还会补充充足的铁元素和维生素 C，对宝宝发育有益。

准备： 5 分钟 **烹饪：** 15 分钟

辅食次数： 1 天 1 次

1 次吃多少： 15 毫升

原料： 西瓜瓤 100 克，桃子 1 个。

做法：

1 将桃子洗净，去皮，去核，切成小块；西瓜瓤切成小块，去掉西瓜子。

2 将桃子块和西瓜块放入榨汁机中，加入适量温开水榨汁即可。

预防贫血，促进发育

莲藕苹果柠檬汁

莲藕富含铁，缺铁性贫血的宝宝可适当多吃些。莲藕苹果柠檬汁富含维生素C和膳食纤维，可促消化、防便秘，又能提供微量元素。

准备：5分钟 烹饪：15分钟

辅食次数：1天1次

1次吃多少：15毫升

原料：莲藕半个，苹果半个，柠檬汁适量。

做法：

1 将莲藕洗净去皮，切成小块，放入锅内加水煮熟；苹果洗净，去皮、核，切块。

2 将莲藕块、苹果块放入榨汁机，兑入适量温开水榨成汁。

3 在汁中加几滴柠檬汁即可。

补铁，促进消化

维生素C

膳食纤维

铁

甘蔗荸荠水

甘蔗的含铁量在水果中名列前茅，是补铁的好选择。荸荠中含磷量很高，能促进宝宝健康生长，对牙齿和骨骼的发育也有很大好处。

准备：5分钟 烹饪：15分钟

辅食次数：1天1次

1次吃多少：15毫升

原料：甘蔗1小节，荸荠3个。

做法：

1 甘蔗去皮洗净，剁成小段。

2 荸荠洗净，去皮，去蒂，切成小块。

3 将甘蔗段和荸荠块一起放入锅里，加入适量的水，大火煮开后撇去浮沫，转小火煮至荸荠全熟，过滤出汁液即可。

促进牙齿和骨骼发育

磷

膳食纤维

铁

甜瓜水

甜瓜含有丰富的矿物质和维生素C，常食甜瓜有利于宝宝心脏、肝脏以及肠道系统的活动，同时还可以促进宝宝的造血机能。

准备：5分钟 烹饪：5分钟

辅食次数：1天1次

1次吃多少：15毫升

原料：甜瓜半个。

做法：

1 将甜瓜洗净，去皮、去瓤，切成小块。

2 将甜瓜块放入榨汁机中，加适量的温开水榨汁，过滤出汁液即可。

补充全面的营养

维生素C

矿物质

菠菜汁

菠菜含有丰富的胡萝卜素、维生素C、钙、铁、维生素E等有益成分。菠菜所含的铁质，对贫血的宝宝有一定的辅助治疗作用。

准备： 30 分钟 **烹饪：** 15 分钟

辅食次数： 1天1次

1次吃多少： 15毫升

原料： 菠菜50克。

做法：

1. 将菠菜择洗干净，在淡盐水中浸泡半小时。
2. 将菠菜在开水中焯一下，捞出沥水，切成小段。
3. 将菠菜段放入榨汁机中，加入适量的温开水一起打匀，过滤出汁液即可。

补充维生素C和铁元素

维生素C

白菜胡萝卜汁

白菜富含锌，可提高宝宝免疫力，促进大脑发育。白菜胡萝卜汁富含胡萝卜素、膳食纤维和矿物质，利于宝宝肠道健康和视力发育。

准备： 30 分钟 **烹饪：** 15 分钟

辅食次数： 1天1次

1次吃多少： 15毫升

原料： 白菜叶3片，胡萝卜半根。

做法：

1. 白菜叶放入淡盐水中浸泡半小时，洗净，切成段；胡萝卜洗净，切成片。
2. 将白菜叶和胡萝卜片放在锅里煮软，然后与少量煮菜的水一起放入榨汁机榨成汁，过滤出汁液即可。

帮助大脑发育

生菜苹果汁

生菜富含维生素C，可增强宝宝免疫力；同时富含钙、铁等矿物质，能促进宝宝骨骼发育。生菜和苹果都富含膳食纤维，可防治便秘。

准备： 5 分钟 **烹饪：** 10 分钟

辅食次数： 1天1次

1次吃多少： 15毫升

原料： 生菜半棵，苹果半个。

做法：

1. 将生菜洗净，切成段，入沸水中焯一下；苹果洗净，去皮，去核，切成小块。
2. 将生菜段和苹果块放入榨汁机中，加入适量温开水打匀，过滤出汁液即可。

增强免疫力，补钙

大米菠菜汤

菠菜茎叶柔软滑嫩、味美色鲜，含有多种维生素，尤其是胡萝卜素的含量较多。菠菜和大米同煮，能养脾胃、助消化、润肠道。

准备：5 分钟 **烹饪：**20 分钟

辅食次数：1 天 2 次

1 次吃多少：15 毫升

原料：菠菜 30 克，大米 20 克。

做法：

1 菠菜择洗干净，放入沸水中焯一下，沥水后切碎。

2 大米洗净后，放入锅内，加适量的水煮成粥。

3 出锅前，将切好的菠菜碎放入，搅拌均匀，再慢煮 3 分钟，取米粥上层的汤即可。

养脾胃，润肠通便

苋菜汁

苋菜富含宝宝容易吸收的钙，对宝宝牙齿和骨骼生长有利；还含有丰富的铁和维生素 K，适合缺铁性贫血的宝宝食用。

准备：5 分钟 **烹饪：**10 分钟

辅食次数：1 天 1 次

1 次吃多少：15 毫升

原料：苋菜 50 克。

做法：

1 苋菜择洗干净，切成小段。

2 将苋菜段用沸水焯一下，放入榨汁机中，加适量温开水榨汁，过滤出汁液即可。

促进骨骼发育，防治贫血

猕猴桃汁

猕猴桃被称为“水果之王”，其维生素 C 含量在水果中居于前列，还含有较丰富的膳食纤维、蛋白质、钙、磷、铁等矿物质，适合宝宝常吃。

准备：5 分钟 **烹饪：**5 分钟

辅食次数：1 天 1 次

1 次吃多少：15 毫升

原料：猕猴桃 1 个。

做法：

1 将猕猴桃洗干净，去掉外皮，切成小块。

2 将猕猴桃块放入榨汁机，加入适量的温开水后榨汁，过滤出汁液即可。

提高免疫力

苹果泥

苹果富含锌，可增强宝宝记忆力，健脑益智；含有丰富的矿物质，可预防佝偻病。苹果还对宝宝缺铁性贫血有防治作用。

准备： 1 分钟 **烹饪：** 2 分钟

辅食次数： 1 天 1 次

1 次吃多少： 10 毫升

原料： 苹果 1 个。

做法：

1 苹果洗净，用开水略烫。

2 用消过毒的小刀将苹果切成两半，去核。

3 用小勺轻轻刮成泥喂给宝宝。

调节脾胃，益智

草莓藕粉羹

草莓中维生素 C 含量丰富，而它的胡萝卜素、苹果酸、柠檬酸、钙、磷、铁的含量也比苹果、葡萄高，是宝宝补充维生素 C 的最佳选择之一。

准备： 5 分钟 **烹饪：** 5 分钟

辅食次数： 1 天 2 次

1 次吃多少： 10 毫升

原料： 草莓 2 个，藕粉 20 克。

做法：

1 藕粉加水调匀；锅置火上，加水烧开，倒入调好的藕粉，小火熬煮，边熬边搅动，熬至透明。

2 草莓洗净，切块，放入搅拌机中，加适量温开水，一同打匀。

3 藕粉盛入碗内，将草莓汁过滤，倒入藕粉中调匀，即可喂宝宝。

补充热量，促进发育

葡萄干土豆泥

土豆泥制作方便，还是不易致敏的食物之一，适合宝宝吃。葡萄干是缺铁性贫血宝宝的食补佳品。

准备： 30 分钟 **烹饪：** 10 分钟

辅食次数： 1 天 1 次

1 次吃多少： 5 毫升

原料： 土豆 50 克，葡萄干 10 粒。

做法：

1 葡萄干用温水泡软，切碎备用。

2 土豆洗净，蒸熟去皮，做成土豆泥备用。

3 锅烧热，加少许水，煮沸，下入土豆泥、葡萄干碎，转小火煮；出锅后晾一晾即可食用。

提高抵抗力

西蓝花米糊

西蓝花米糊营养成分极高，具有润肺止咳、健胃消食、提高免疫力等功效，可以为宝宝补充生长发育所需的多种营养，帮助宝宝健康成长。

准备： 25 分钟 **烹饪：** 5 分钟

辅食次数： 1 天 2 次

1 次吃多少： 5 毫升

原料： 西蓝花 50 克，米粉适量。

做法：

1 将西蓝花用淡盐水浸泡 20 分钟，再用清水洗净，掰成小朵，用水煮软。

2 将煮过的西蓝花放入稀释好的米粉中，用搅拌机搅打成糊，晾温即可。

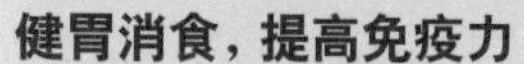

健胃消食，提高免疫力

维生素　磷

西蓝花米糊容易消化吸收，十分适合正在添加辅食的宝宝。

南瓜羹

南瓜含有蛋白质、胡萝卜素、钙、磷等成分，维生素A、维生素C含量也比较多，宝宝食用可增强身体免疫力。

准备：5 分钟 烹饪：10 分钟

辅食次数：1天1次

1次吃多少：5克

原料：南瓜50克。

做法：

1 南瓜去皮、去子，洗净，切成小块。

2 将南瓜放入锅中，倒入适量水，边煮边将南瓜捣碎，煮至稀软即可。

增强机体免疫力

红薯泥

红薯中赖氨酸和精氨酸含量都较高，对宝宝的发育和提高抗病力有良好作用，其富含的可溶性膳食纤维有助于肠道益生菌的繁殖。

准备：5 分钟 烹饪：10 分钟

辅食次数：1天1次

1次吃多少：5克

原料：红薯20克。

做法：

1 红薯洗净，去皮，切成小块。

2 放入碗内，加水，上笼屉蒸熟，将红薯捣烂即可。

提高抗病力，防便秘

膳食纤维

胡萝卜泥

胡萝卜富含胡萝卜素，在体内转化成维生素A，能补肝明目，同时有助于细胞繁殖与生长，还能促进骨骼正常生长发育，

准备：5 分钟 烹饪：20 分钟

辅食次数：1天1次

1次吃多少：5克

原料：胡萝卜半根。

做法：

1 胡萝卜洗净，去皮，切小块。

2 油锅烧热，放胡萝卜块翻炒3分钟。

3 胡萝卜块放蒸屉上，大火蒸熟；用汤勺将胡萝卜块碾成泥糊状即可。

补肝明目，促进骨骼发育

油菜泥

油菜泥可补充B族维生素、维生素C、钙、磷、铁等物质。油菜中还含有大量的膳食纤维，有助于宝宝排便，并保护皮肤黏膜。

准备： 5 分钟　**烹饪：** 20 分钟

辅食次数： 1天1次

1次吃多少： 10克

原料： 油菜50克。

做法：

1 油菜择洗干净，沥水。

2 锅内加入适量水，待水沸后放入油菜，煮5分钟后捞出，晾凉并切碎。

3 油菜碎放入碗内，用汤勺将油菜碎捣成泥即可。

保护皮肤黏膜

维生素

小米玉米糙汤

小米熬汤营养价值丰富，有“代参汤”之称，维生素B_1的含量很丰富。小米玉米糙汤中含铁量比大米汤高一倍，尤其适合贫血宝宝食用。

准备： 5 分钟　**烹饪：** 20 分钟

辅食次数： 1天2次

1次吃多少： 10毫升

原料： 小米20克，细玉米糙20克。

做法：

1 将小米淘洗干净；细玉米糙在制作过程中已经去掉外皮，所以不用淘洗。

2 锅内加入适量水，放小米、细玉米糙同煮成粥，晾温后取上层清汤即可。

补铁，预防贫血

香蕉泥

香蕉软香可口，甜甜的味道会让宝宝很爱吃。香蕉富含的膳食纤维可刺激肠胃蠕动，帮助宝宝排便。

准备： 5 分钟　**烹饪：** 5 分钟

辅食次数： 1天1次

1次吃多少： 10克

原料： 香蕉1根。

做法：

1 香蕉去皮后，掰成段，放入碗里。

2 用勺子碾碎香蕉段，加入适量的温开水拌匀即可。

刺激肠胃蠕动

第 3 章

7 个月：蛋黄真好吃

7 个月的宝宝，就可以尝尝蛋黄的味道啦。一方面，母乳中铁的含量已经不能满足宝宝的需求，需要从食物中摄取，而蛋黄含有丰富的铁；另一方面，宝宝适应了菜泥、果泥等泥糊状的食物后，可以添加蛋黄了。

7个月宝宝的身体发育和营养补充

几个月前还软软地不知如何抱起来的小家伙，眨眼工夫就可以连续翻身，还可以有模有样地坐在那里……真可谓一天一个样，惊觉时间原来可以流逝得如此之快。

7个月宝宝会这些

- 远距离视觉开始发展，能注意远处活动的物体。
- 听力比以前更加灵敏，能分辨不同的声音，并尝试发音。
- 对别人的语言有反应，但还不能明白话语的意思。
- 拿到东西后会看、摸、摇。能分辨味道。
- 会翻身，可以坐，但坐得不是很好。
- 不高兴时会噘小嘴。

体重

- 7 个月时，男宝宝的体重平均为 8.76 千克。
- 7 个月时，女宝宝的体重平均为 8.11 千克。
- 这个月宝宝体重波动性很大，如果宝宝不太爱吃东西，或者是生病，体重会受到较大的影响。
- 如果正值夏季，气候炎热，宝宝不爱喝奶，体重也可能会增长缓慢，但这没有太大关系。立秋后，宝宝饮食好转会出现补长现象，赶上同月龄宝宝的体重标准。

身高

- 7 个月时，男宝宝的身高平均为 69.8 厘米。
- 7 个月时，女宝宝的身高平均为 68.2 厘米。

营养补充

- 继续提倡母乳喂养，每天至少坚持母乳喂养 3 次以上。
- 补充充足的钙，让宝宝的小乳牙快快长，并促进骨骼的生长和发育。
- 多吃绿叶蔬菜，补充维生素 K，促进体力智力双重发育。
- 母乳和配方奶是最好的，牛奶和乳酸饮料不建议给宝宝喝。
- 别长时间让宝宝吃流质食物，要吃些稍有硬度的食物来锻炼咀嚼能力。

这个月的宝宝，大多是白天睡二三次。如果晚上睡前给 200 毫升以上的奶，可能会一直睡到早晨 6~8 点钟。给宝宝安排辅食，可以在上午睡前添 1 次，午睡后再添 1 次。早、中、晚共吃 3 次奶。

宝宝最爱吃的辅食餐

7个月时，母乳喂养的宝宝刚刚添加辅食不久，妈妈不要过于追求宝宝的辅食量，一次添加的辅食不宜过多，以免引起宝宝消化不良。这个月可以给宝宝吃些钙、磷丰富的食物，以促进骨骼和牙齿的生长和发育。

芹菜的纤维较粗，可优先选择细嫩的西芹。

芹菜米糊

芹菜富含维生素C、钙、磷、铁等营养元素，利于宝宝的骨骼和牙齿生长，而且芹菜含有一种挥发性物质，别具芳香，能促进宝宝的食欲。

准备： 5 分钟 **烹饪：** 10 分钟

辅食次数： 1天1次

1次吃多少： 15克

原料： 芹菜20克，米粉30克。

做法：

1 将芹菜洗净，切碎，放入沸水锅内煮软，捞出沥干，捣成泥。

2 米粉放入碗中，加入60~70℃的温开水，边倒边搅拌成米糊。

3 在米糊中加入芹菜泥，搅拌均匀。

利于牙齿生长，促进食欲

维生素C　膳食纤维

蛋黄泥

蛋黄的营养价值极高，营养丰富，可以补充奶类中铁的匮乏，还能促进宝宝大脑发育，而且其中的营养成分容易被吸收。

准备： 5 分钟 **烹饪：** 5 分钟

辅食次数： 1 天 1 次

1 次吃多少： 15 克

原料： 熟蛋黄 1/8 个。

做法：

1 熟蛋黄用勺子碾碎。

2 加适量温开水拌匀即可。

补铁，益智

铁 卵磷脂

香蕉蛋黄糊

香蕉富含膳食纤维，可刺激肠胃蠕动，帮助排便。同时蛋黄对促进宝宝大脑和神经系统的发育有好处。

准备： 5 分钟 **烹饪：** 15 分钟

辅食次数： 1 天 2 次

1 次吃多少： 15 克

原料： 熟蛋黄 1/8 个，香蕉、胡萝卜各半根。

做法：

1 熟蛋黄压成泥；香蕉去皮，用勺子压成泥；胡萝卜洗净、切块，煮熟后压成胡萝卜泥。

2 把蛋黄泥、香蕉泥、胡萝卜泥混合，再加入适量温开水调成糊，放在锅内略煮即可。

促进大脑发育，通便

卵磷脂

菠菜米糊

米糊富含宝宝生长发育所需的营养素，菠菜含有丰富的胡萝卜素、铁、维生素 B_6、钾等，菠菜的加入让米糊的味道更丰富。

准备： 5 分钟 **烹饪：** 10 分钟

辅食次数： 1 天 1 次

1 次吃多少： 15 克

原料： 菠菜 10 克，米粉 20 克。

做法：

1 将米粉加温开水搅成糊，放入锅中，加适量水，边搅边煮 。

2 将菠菜洗净，剁成泥，与米粉共煮，煮至菠菜熟后，盛出，晾温后喂宝宝。

促进宝宝生长发育

铁 维生素 B_6

土豆苹果糊

土豆苹果都含有锌元素和膳食纤维，锌对宝宝的大脑发育有益，膳食纤维利于胃肠蠕动，两者搭配食用更美味。

准备： 5 分钟 **烹饪：** 10 分钟

辅食次数： 1天1次

1次吃多少： 15克

原料： 土豆20克，苹果半个。

做法：

1 土豆去皮，切成小块，上锅蒸熟后捣成土豆泥。

2 苹果去皮，去核，用搅拌机打成泥状。

3 将土豆泥和苹果泥放入碗中，加入温开水调匀即可。

促进大脑发育

锌 

油菜玉米糊

玉米面含钙、铁较多，还有微量元素硒。油菜富含胡萝卜素、钙、铁和维生素C，对宝宝的生长发育有益。

准备： 5 分钟 **烹饪：** 15 分钟

辅食次数： 1天2次

1次吃多少： 15克

原料： 油菜50克，玉米面30克。

做法：

1 油菜洗净，放锅中焯熟，捞出晾凉，切碎并捣成泥。

2 玉米面用温开水调成糊状。

3 锅内加水烧开，边倒入玉米糊边搅；玉米糊煮好后放油菜泥调匀即可。

促进骨骼发育，补血

胡萝卜素

红薯红枣蛋黄泥

红薯中赖氨酸和精氨酸含量都较高，可提高宝宝的抵抗力。红枣富含铁，可防治贫血，还富含可溶性膳食纤维，可促进排便，防止便秘。

准备： 5 分钟 **烹饪：** 15 分钟

辅食次数： 1天1次

1次吃多少： 15克

原料： 红薯20克，红枣4颗，熟蛋黄1/8个。

做法：

1 红薯去皮洗净，切块；红枣洗净去核；熟蛋黄压碎成泥。

2 将红薯块、红枣放入碗中隔水蒸熟。

3 蒸熟后的红枣去皮，加适量温开水，与红薯块一起捣成泥，撒上蛋黄泥拌匀即可。

提高身体抵抗力

蛋黄玉米泥

蛋黄中富含卵磷脂，且玉米所含的钙、磷、铁等元素均高于大米。尤其是玉米中含有谷氨酸，能提高宝宝的免疫力。

准备： 5 分钟 **烹饪：** 10 分钟

辅食次数： 1天2次

1次吃多少： 15克

原料： 熟蛋黄1/8个，玉米粒20克。

做法：

1 玉米粒用搅拌器打成蓉；熟蛋黄压成泥备用。

2 将玉米蓉放入锅中，加适量水，大火煮沸后，转小火煮5分钟，再转大火并不停地搅拌。

3 最后将熟蛋黄泥倒入搅拌均匀。

提高机体免疫力

谷氨酸 

卵磷脂

山药羹

山药中含有蛋白质、B族维生素、维生素C、维生素E、碳水化合物、氨基酸、胆碱等营养成分。山药非常适合腹泻的宝宝补充营养素。

准备： 1 小时 **烹饪：** 20 分钟

辅食次数： 1天1次

1次吃多少： 15克

原料： 山药、大米各30克。

做法：

1 大米淘洗干净，入水浸泡1小时；山药去皮洗净，切成小块。

2 将大米和山药块一起放入搅拌机中打成汁。

3 锅上火，倒入山药大米汁搅拌，用小火煮至羹状即可。

缓解腹泻

蛋白质 维生素 胆碱

鱼肉泥

鱼肉的蛋白质含有人体所需的多种氨基酸，进入到宝宝的身体后，几乎能全部被吸收，所以鱼肉是优质的蛋白质来源，尤其适合宝宝吃。

准备： 5 分钟 **烹饪：** 15 分钟

辅食次数： 1天1次

1次吃多少： 15克

原料： 鱼肉50克。

做法：

1 鱼肉洗净后去皮，去刺。

2 放入盘内，上锅蒸熟，将鱼肉捣烂即可。

促进大脑发育

蛋白质 

鸡汤南瓜土豆泥

南瓜富含维生素A、氨基酸、胡萝卜素、铁、锌等营养成分，可促进宝宝的生长发育。鸡汤味道鲜美，含有钙、铁等营养成分。

准备： 5 分钟 **烹饪：** 20 分钟

辅食次数： 1 天 2 次

1 次吃多少： 15 克

原料： 南瓜 30 克，土豆 30 克，鸡汤适量。

做法：

1 将土豆、南瓜分别去皮洗净，切小块。

2 土豆块、南瓜块放蒸锅蒸熟，盛入碗中，压成泥。

3 在南瓜土豆泥中加入适量鸡汤搅拌均匀，晾温喂宝宝即可。

防治贫血，补钙

西红柿鸡肝泥

鸡肝富含维生素A和铁、锌、铜等微量元素，而且鲜嫩可口。鸡肝中铁质丰富，是宝宝补铁的佳选。

准备： 5 分钟 **烹饪：** 20 分钟

辅食次数： 1 天 1 次

1 次吃多少： 15 克

原料： 鸡肝 20 克，西红柿半个。

做法：

1 鸡肝洗净，浸泡后煮熟，切成碎粒。

2 西红柿洗净，放入开水中烫一下去皮，放入碗中压成泥状；加入鸡肝粒，搅拌成泥糊状，上锅蒸熟即可。

预防缺铁性贫血

大米绿豆汤

绿豆中蛋白质的含量几乎是大米的3倍，钙、磷、铁等矿物质的含量也比大米多。大米绿豆汤口感清润，尤其适合食欲不佳的宝宝食用。

准备： 5 分钟 **烹饪：** 20 分钟

辅食次数： 1 天 1 次

1 次吃多少： 15 毫升

原料： 绿豆 20 克，大米 30 克。

做法：

1 将大米、绿豆淘洗干净，加适量水煮成粥。

2 待粥晾温后取米粥上层的汤即可。

提升食欲，补充能量

鱼菜泥

鱼菜泥既含有鱼肉的蛋白质，又含有油菜的维生素，不但可以促进宝宝的脑部发育，还可以提高宝宝的免疫力，让宝宝聪明又健康。

准备： 5 分钟 **烹饪：** 20 分钟

辅食次数： 1 天 1 次

1 次吃多少： 15 克

原料： 鳕鱼肉 25 克，油菜 30 克。

做法：

1. 将油菜、鳕鱼肉洗净后，分别剁成碎末放入碗中，入蒸锅中蒸熟。
2. 将蒸好的油菜和鳕鱼肉调入适量温开水，搅匀即可。

促进脑部发育

维生素 蛋白质

蛋黄粥

蛋黄粥含有丰富的营养成分，其锌元素和卵磷脂能够促进宝宝智力发育，充足的碳水化合物能给宝宝补充足够的能量。

准备： 30 分钟 **烹饪：** 30 分钟

辅食次数： 1 天 1 次

1 次吃多少： 15 克

原料： 大米 25 克，熟蛋黄 1/4 个。

做法：

1. 大米淘洗干净，用水浸泡 30 分钟；熟蛋黄压碎备用。
2. 将大米放入锅中，加适量水，大火煮沸后换小火煮 20 分钟。
3. 在煮好的大米粥中加入压碎的熟蛋黄拌匀。

益智，强壮身体

锌 卵磷脂

红薯红枣粥

红薯红枣粥很适合做辅食，可使宝宝消化系统得到适应性锻炼。粥中所含碳水化合物和膳食纤维能促进肠道消化，预防宝宝粪便干结。

准备： 5 分钟 **烹饪：** 30 分钟

辅食次数： 1 天 1 次

1 次吃多少： 15 克

原料： 大米 30 克，红薯、小米各 20 克，红枣 2 颗。

做法：

1. 红薯洗净后，去皮，切成小丁；红枣洗净后，去核。
2. 大米、小米淘洗干净，加水大火煮开，再转小火，加入红薯丁和红枣，煮至大米、小米与红薯熟烂后即可。红枣要去皮压烂后喂给宝宝。

预防便秘，补血

鱼肉粥

鱼肉中的牛磺酸可抑制胆固醇合成，促进宝宝视力的发育；鱼肉中的DHA对宝宝的智力发育和视力发育至关重要。

准备： 5 分钟 **烹饪：** 20 分钟

辅食次数： 1天1次

1次吃多少： 15克

原料： 鱼肉30克，大米20克。

做法：

1. 鱼肉洗净，去刺，剁成泥；大米淘洗干净。
2. 将大米入锅煮成粥，煮熟时下入鱼泥煮沸即可。

益智，明目

牛磺酸 DHA

冬瓜粥

冬瓜含有蛋白质、维生素C、胡萝卜素、膳食纤维和钙、磷、铁等营养成分，且钾盐高，钠盐低，可清热解毒、利尿去火，适宜夏天食用。

准备： 5 分钟 **烹饪：** 20 分钟

辅食次数： 1天1次

1次吃多少： 15克

原料： 大米50克，冬瓜20克。

做法：

1. 大米淘洗干净；冬瓜洗净，去皮，切成小丁。
2. 将冬瓜和大米一起熬煮成粥，待食材都熟烂后，盛入碗中，晾温后喂宝宝即可。

清热解毒，利尿

蛋白质 矿物质 维生素C

香菇苹果豆腐羹

香菇苹果豆腐羹含有丰富的蛋白质以及钙、镁等矿物质，宝宝食用后容易消化，经常食用还有助于提高宝宝的记忆力和精神集中力。

准备： 25 分钟 **烹饪：** 20 分钟

辅食次数： 1天1次

1次吃多少： 15克

原料： 干香菇2朵，苹果半个，豆腐20克。

做法：

1. 干香菇洗净泡软后切碎，打成蓉。
2. 豆腐碾碎，与香菇蓉一起煮烂制成豆腐羹。
3. 苹果洗净，去皮，去核，切成块，放入搅拌机搅打成蓉。
4. 豆腐羹冷却后，加入苹果蓉拌匀。

增强记忆力

蛋白质 钙 镁

胡萝卜粥

胡萝卜含有多种营养成分，其中胡萝卜素含量高。胡萝卜素进入人体，在肠道和肝脏中转变为维生素A，可保护眼睛，促进生长发育，增强抵抗力。

准备：30 分钟 烹饪：20 分钟

辅食次数：1天2次

1次吃多少：15克

原料：大米30克，胡萝卜半根。

做法：

1 胡萝卜洗净去皮，切小碎末；大米淘洗干净，浸泡30分钟。

2 大米加水后，用小火熬煮成粥，加入胡萝卜碎继续熬至软烂。

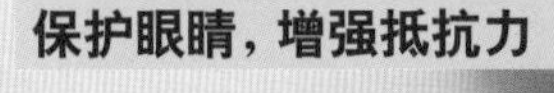

蛋白质

胡萝卜用少许油热烹一下，再切碎，可使其中的胡萝卜素更易吸收。

4~5个月（胡萝卜汁）

6个月（胡萝卜泥）

7个月（胡萝卜末）

1岁半以后（胡萝卜条）

西红柿猪肝泥

猪肝富含铁和其他矿物质，利于宝宝补血，猪肝也含丰富的锌，锌对钙质的吸收很有帮助。西红柿富含维生素C，能提高抵抗力。

准备：5 分钟 **烹饪**：20 分钟

辅食次数：1天2次

1次吃多少：15克

原料：猪肝20克，西红柿半个。

做法：

1 猪肝去筋膜，洗净、浸泡后煮熟，切成碎粒，压成泥。

2 西红柿洗净，放入开水中烫一下去皮，放入碗中压成泥状；加入猪肝泥，搅拌成泥糊状，上锅蒸熟即可。

补血，促进钙的吸收

铁　锌　维生素C

苹果桂花羹

苹果桂花羹可保护宝宝肺部免受空气中灰尘和烟尘的影响。苹果中含7种必需氨基酸，有助于宝宝成长发育。桂花的香气可提升食欲。

准备：5 分钟 **烹饪**：20 分钟

辅食次数：1天2次

1次吃多少：15克

原料：苹果半个，米粉20克，桂花适量。

做法：

1 苹果洗净，去掉皮、核，放入榨汁机中榨汁。

2 取苹果汁入锅煮沸，加入米粉，搅匀成羹，撒上桂花略煮即可。

保护肺部，提升食欲

氨基酸　维生素　锌

茄子泥

茄子的营养价值很丰富，含有多种维生素以及钙、磷、铁等矿物质元素。芝麻酱是高钙食物，对本阶段宝宝骨骼发育有益。

准备：5 分钟 **烹饪**：15 分钟

辅食次数：1天1次

1次吃多少：15克

原料：嫩茄子40克，芝麻酱适量。

做法：

1 将茄子切成细条，隔水蒸10分钟左右。

2 把蒸烂的茄子条去皮，捣成泥，加入适量芝麻酱拌匀即可。

促进骨骼、牙齿生长

钙　磷

菠菜猪肝泥

猪肝含有丰富的铁，可预防宝宝贫血。猪肝中还具有一般肉类食物不含的维生素 C 和微量元素硒，能增强人体的免疫力。

准备： 5 分钟 **烹饪：** 15 分钟

辅食次数： 1 天 1 次

1 次吃多少： 15 克

原料： 猪肝 20 克，菠菜 30 克。

做法：

1. 猪肝洗净，除去筋膜，用刀或者边缘锋利的勺子将猪肝制成泥。
2. 菠菜选择较嫩的叶子，在开水里焯烫 2 分钟，捞出来切成碎末。
3. 把猪肝泥和菠菜末放入锅中，加清水，用小火煮，边煮边搅拌，直到猪肝熟烂。

预防贫血，增强免疫力

铁 硒

芒果椰子汁

椰子汁被称为“植物牛奶”，可促进宝宝的生长发育，增强宝宝的抵抗力。芒果含有大量植物蛋白及多种氨基酸和锌、钙、铁等微量元素。

准备： 5 分钟 **烹饪：** 15 分钟

辅食次数： 2 天 1 次

1 次吃多少： 15 毫升

原料： 芒果 1 个，椰子汁适量。

做法：

1. 芒果洗净，去皮，去核；将芒果肉与适量的温开水一起放入榨汁机榨汁。
2. 将芒果汁兑入等量的椰子汁中即可。

提高身体抵抗力

钙 氨基酸

橘子汁

橘子含有丰富的维生素 C、苹果酸、柠檬酸、蛋白质以及多种矿物质。其含有的膳食纤维可通便，但宝宝消化系统还不健全，不宜多吃。

准备： 5 分钟 **烹饪：** 5 分钟

辅食次数： 2 天 1 次

1 次吃多少： 15 毫升

原料： 橘子 1 个。

做法：

1. 将橘子洗净，剥皮，掰开。
2. 将橘子瓣放入榨汁机中，加适量温开水榨汁，过滤出汁液即可。

助消化，促排便

第4章

8个月：辅食，一天两次就够了

这一阶段宝宝的辅食以软烂食物为主，妈妈不能只给宝宝吃流质的食物，但也不能急于添加完全固体的食物。这时候每天给宝宝吃2次辅食就可以了，而且要密切观察宝宝对辅食的接受度，如果宝宝适应良好，可适当添加软固体的食物来锻炼宝宝的咀嚼能力。

8 个月宝宝的身体发育和营养补充

人生是一次探险，宝宝开始不满足于眼前的一切，他们要爬，要用自己的四肢去开拓更宽广的世界。不要老是把宝宝闷在家里教宝宝“知识”，外面的世界更精彩。

8 个月宝宝会这些

- 开始有选择性地看，会记住自己感兴趣的东西。
- 对特定音节产生反应，对“爸爸”“妈妈”等词语反应强烈。
- 动作开始有意向性，会自己匍匐爬行、坐起、躺下，会用一只手去拿东西。
- 能把语言和物品联系起来，能听懂简单的语言。
- 精细动作能力增强，会撕纸了，并会把纸放进嘴里。
- 嘴里“咿咿呀呀”，好像在叫爸爸妈妈。

体重

- 本月开始，宝宝的体重增长速度变缓慢了。
- 8 个月时，男宝宝的体重平均为 9.05 千克。
- 8 个月时，女宝宝的体重平均为 8.41 千克。

身高

- 本月的宝宝，身高可增长 1.4 厘米。渐渐显示出“幼儿”的模样了。
- 8 个月时，男宝宝的身高平均为 71.2 厘米。
- 8 个月时，女宝宝的身高平均为 69.6 厘米。

营养补充

- 先别断奶，辅食意在辅助，母乳中的营养成分仍是宝宝所需要的。
- 别长时间让宝宝吃流质食物，吃些稍有硬度的食物来锻炼咀嚼能力。
- 宝宝的饮食不要加盐，天然食物中存在的盐分已能满足宝宝的需求。
- 长牙期需补充多种营养，尤其是矿物质、蛋白质、维生素。
- 可开始适当增加点面类食物，以补充碳水化合物，为宝宝发育提供热量。
- 辅食花样翻新会提高宝宝食欲。

吃得好，睡得好

这个月的宝宝，白天的睡眠时间相对减少，喝奶的次数也会相对减少。但是晚上睡前还是要给宝宝喂足奶，让宝宝一觉到天亮，一般 200 毫升左右即可。在辅食的安排上，可以将以往上午喂奶的时间换成辅食，一天 2 次。

宝宝最爱吃的辅食餐

本月的宝宝还是继续喂母乳或配方奶，但量可以减少。除了继续添加上个月的辅食，还可以添加富含蛋白质的辅食，如鱼肉、鸡肉等，因为宝宝的胃液已经可以充分发挥消化蛋白质的作用了。

鱼泥的原料以海鱼为主，因为海鱼刺少，营养比河鱼丰富。

鱼泥菠菜粥

鱼肉营养丰富，蛋白质含量高，且属于优质蛋白质，钙、磷、铁、碘等无机盐含量也很高。鱼肉柔软，也易于消化吸收。

准备： 5 分钟 **烹饪：** 20 分钟

辅食次数： 1 天 2 次

1 次吃多少： 20 克

原料： 鱼肉 20 克，大米 30 克，菠菜 20 克。

做法：

1. 鱼肉煮熟后去皮、去刺，捣碎成泥；菠菜洗净，切碎。
2. 大米洗净，加水煮成粥，然后将鱼肉泥、菠菜碎加入锅中，煮熟即可。

促进生长发育

蛋白质　钙

宝宝不同月龄这样添加

6 个月（菠菜汁）

7 个月（菠菜泥）

8 个月（菠菜末）

11 个月（菠菜段）

鱼肉蛋黄羹

鱼肉富含优质蛋白质和不饱和脂肪酸，有助于宝宝智力发育，蛋黄富含铁和卵磷脂，对宝宝发育有益。

准备： 5 分钟 **烹饪：** 20 分钟

辅食次数： 1天1次

1次吃多少： 20克

原料： 鱼肉30克，熟蛋黄1/2个。

做法：

1 熟蛋黄压成泥，备用。

2 将鱼肉剔除皮、刺，放入碗中，上锅蒸15分钟，用小勺压成泥状。

3 将鱼肉泥加适量温开水搅拌均匀，撒上熟蛋黄泥，再次搅拌均匀即可。

促进宝宝大脑发育

铁 不饱和脂肪酸

鸡泥粥

鸡肉蛋白质含量较高，且易被宝宝吸收利用，有增强体力、强壮身体的作用，能满足本阶段宝宝生长发育的蛋白质需求。

准备： 5 分钟 **烹饪：** 20 分钟

辅食次数： 1天2次

1次吃多少： 20克

原料： 大米20克，鸡胸肉30克。

做法：

1 将大米淘洗干净；鸡胸肉煮熟后撕成细丝，并剁成肉泥。

2 大米放入锅内，加水慢火煮成粥；煮到大米完全熟烂后，放入鸡肉泥再煮3分钟即可出锅，晾温后喂宝宝。

增强体力

氨基酸 蛋白质

苹果玉米羹

玉米含有较多的谷氨酸，可健脑，促进脑细胞的新陈代谢，让宝宝更聪明。苹果含有的维生素、矿物质等，是大脑必需的营养成分。

准备： 5 分钟 **烹饪：** 10 分钟

辅食次数： 1天2次

1次吃多少： 20克

原料： 苹果半个，玉米面20克，熟蛋黄1/2个。

做法：

1 苹果洗净去皮，切小丁；熟蛋黄碾碎。

2 玉米面用凉水调匀，倒入锅中，边煮边搅动。

3 开锅后放入苹果丁和蛋黄末，小火煮5分钟即可。

让宝宝更聪明

谷氨酸

小米蛋奶粥

小米和胃安眠，滋阴养血，还有助于补充能量。牛奶益于补钙，还可以令宝宝的皮肤白皙有光泽。

准备： 1 小时 **烹饪：** 20 分钟

辅食次数： 1 天 2 次

1 次吃多少： 20 克

原料： 小米 30 克，鸡蛋黄 1 个，配方奶适量。

做法：

1 小米淘洗干净，用水浸泡 1 小时；鸡蛋黄打散，备用。

2 将小米加水煮开，加入配方奶继续煮，至米粒松软烂熟时，将蛋黄液倒入粥中，搅拌均匀，煮熟即可。

皮肤白皙有光泽

钙　碳水化合物

栗子红枣羹

栗子富含蛋白质、维生素以及钙、磷、铁、钾等营养成分，搭配红枣，不但可以提高宝宝的免疫力，还能让宝宝的大脑更灵活。

准备： 5 分钟 **烹饪：** 20 分钟

辅食次数： 1 天 1 次

1 次吃多少： 20 克

原料： 栗子 2 颗，红枣 2 颗，大米 20 克。

做法：

1 将栗子去壳、洗净，煮熟后去皮，切碎；红枣泡软、去核；大米洗净。

2 锅内放大米，加水，煮至米熟后放入栗子、红枣，烧沸后改小火煮 5 分钟，将红枣捣烂喂给宝宝。

提高免疫力，益智

矿物质　蛋白质

土豆胡萝卜肉末羹

胡萝卜含有胡萝卜素、蛋白质、钙、磷、铁、核黄素、烟酸、维生素 C 等多种营养，与土豆、肉末搭配，可保护视力，促进发育，提高免疫力。

准备： 5 分钟 **烹饪：** 20 分钟

辅食次数： 1 天 1 次

1 次吃多少： 20 克

原料： 土豆 1 个，胡萝卜半个，肉末适量。

做法：

1 将土豆洗净，去皮，切成小块；胡萝卜洗净，切成小块；将土豆块、胡萝卜块放入搅拌机，加适量水打成泥。

2 把胡萝卜土豆泥与肉末放在碗中拌匀，上锅蒸熟即可。

保护视力，促进发育

胡萝卜素　蛋白质

蛋黄豆腐羹

蛋黄豆腐羹中蛋白质含量丰富，滑嫩爽口、易消化。其中丰富的卵磷脂有益于宝宝神经、血管、大脑的发育，可以提高宝宝的记忆力。

准备： 5 分钟 **烹饪：** 20 分钟

辅食次数： 1 天 2 次

1 次吃多少： 20 克

原料： 豆腐 50 克，熟蛋黄 1/2 个。

做法：

1 将豆腐洗净，捣烂成泥；锅中放入适量水，倒入豆腐泥，熬煮至汤汁变少。

2 将熟蛋黄压碎，放入锅里煮片刻即可。

提高记忆力

蛋白质 卵磷脂

栗子粥

栗子含有蛋白质、B 族维生素、维生素 C 等营养成分，能够维持宝宝牙齿、骨骼、血管和肌肉的正常功用。栗子粥可促进钙、铁的吸收。

准备： 30 分钟 **烹饪：** 20 分钟

辅食次数： 1 天 1 次

1 次吃多少： 20 克

原料： 栗子 3 个，大米 20 克。

做法：

1 将栗子去壳、洗净，煮熟之后去皮，切碎。

2 大米淘洗干净，浸泡 30 分钟。

3 锅中放入适量水，将大米倒入，小火煮成粥，再放入切碎的栗子同煮 5 分钟即可。

促进钙、铁的吸收

蛋白质 维生素

苹果薯团

苹果和红薯都富含膳食纤维，有助于宝宝肠胃蠕动，促进排便。苹果富含的锌和维生素，对宝宝智力发育有好处。

准备： 5 分钟 **烹饪：** 20 分钟

辅食次数： 1 天 2 次

1 次吃多少： 20 克

原料： 红薯 50 克，苹果半个。

做法：

1 将红薯洗净，去皮切碎煮软；苹果去皮去核，切碎煮软。

2 红薯和苹果混匀，用手按压做成团子，给宝宝喂食即可。

利于肠胃健康

锌

鱼奶羹

鱼中富含蛋白质、钙、磷、铁、铜、维生素等成分，具有很高的营养价值。加入配方奶后，补充营养更全面。

准备： 5 分钟 **烹饪：** 20 分钟

辅食次数： 1 天 2 次

1 次吃多少： 20 克

原料： 鱼肉 50 克，鱼汤、配方奶、芹菜各适量。

做法：

1 鱼肉洗净，去刺；芹菜切碎。
2 把鱼肉放热水锅中，煮后压成泥。
3 另起一锅，锅中加鱼汤煮沸，放入鱼泥，再放少许配方奶和切碎的芹菜，煮熟即可。

全面补充营养

蛋白质

绿豆粥

大米是 B 族维生素的主要来源，能刺激胃液的分泌，有助于提高宝宝的消化能力。宝宝夏天食用绿豆粥，可降暑、止泻、抗过敏。

准备： 1 小时 **烹饪：** 20 分钟

辅食次数： 1 天 1 次

1 次吃多少： 20 克

原料： 绿豆 20 克，大米 30 克。

做法：

1 绿豆、大米洗净后，浸泡 1 小时。
2 将泡好的绿豆、大米放入锅内，加适量水，煮成粥即可。

降暑，促消化

小白菜面片

面片含碳水化合物和蛋白质两大营养素，前者主要提供宝宝所需能量，后者是宝宝组织细胞生长的基础。

准备： 5 分钟 **烹饪：** 20 分钟

辅食次数： 1 天 1 次

1 次吃多少： 20 克

原料： 儿童面片 30 克，小白菜 15 克。

做法：

1 小白菜清洗干净，烫熟，切碎。
2 锅中加水，面片下锅煮至软烂，放入小白菜碎稍煮即可。

促进组织细胞生长

绿豆南瓜粥

南瓜富含维生素、胡萝卜素、锌、铁、磷等营养成分。南瓜中含有的锌，参与人体核酸、蛋白质的合成，是促进宝宝生长发育的重要物质。

准备：5分钟 **烹饪：**1小时

辅食次数：1天1次

1次吃多少：20克

原料：南瓜30克，绿豆、大米各20克。

做法：

1 将南瓜去皮，洗净，切成小丁；绿豆用水洗净；大米洗净。

2 绿豆、大米放入锅中，加适量水，大火烧开，改小火煮30分钟左右，至绿豆开花时，放入南瓜丁，用中火烧煮20分钟左右，煮熟即可。

促进核酸、蛋白质合成

锌 维生素

燕麦片粥

燕麦中含有β-葡聚糖，能够极大地提高人体免疫力，对宝宝对抗病毒、细菌有帮助，加入配方奶，浓浓的奶香味，宝宝更爱喝。

准备：1分钟 **烹饪：**10分钟

辅食次数：1天1次

1次吃多少：20克

原料：燕麦片20克，配方奶50毫升。

做法：

1 锅中加水烧开，放入燕麦片，将燕麦片煮烂。

2 将配方奶倒入锅中，稍煮片刻，并与燕麦片搅拌均匀即可。

提高抗病毒能力

蛋白质

二米粥

二米粥营养丰富，富含蛋白质、脂肪、碳水化合物、钙、磷、铁，以及多种维生素，而且口味香软，有滋阴养胃的功效。

准备：1小时 **烹饪：**20分钟

辅食次数：1天2次

1次吃多少：20克

原料：大米30克，小米20克。

做法：

1 将大米、小米洗净后，用水浸泡1小时。

2 将泡好的大米、小米放入锅内，加适量水，煮成粥即可。

滋阴养胃

蛋白质

核桃燕麦豆浆

核桃富含蛋白质和钙、铁等微量元素，常吃有润泽肌肤和补脑的作用。燕麦和黄豆都富含 B 族维生素，能够满足宝宝生长发育的需求。

准备： 2 小时 **烹饪：** 20 分钟

辅食次数： 1 天 1 次

1 次吃多少： 25 毫升

原料： 黄豆 30 克，核桃仁、燕麦各 15 克。

做法：

1. 黄豆洗净，浸泡过夜；燕麦洗净，浸泡 2 小时；核桃仁洗净，碾碎。
2. 将所有原料倒入豆浆机中加水制作豆浆，过滤即可。

润泽肌肤，补脑

猪肝粥

猪肝含有丰富的铁和维生素 A、B 族维生素等多种营养素，每周吃两三次猪肝粥，对宝宝补血明目很有好处。

准备： 5 分钟 **烹饪：** 20 分钟

辅食次数： 1 天 1 次

1 次吃多少： 20 克

原料： 猪肝 20 克，大米 30 克，葱花适量。

做法：

1. 猪肝去筋膜洗净，浸泡后切碎；大米洗净。
2. 大米放锅中，加适量水，小火熬煮至开花，加入猪肝碎煮熟，撒上葱花即可。

补血，明目

肉蛋羹

猪肉、鸡蛋都是人体摄取蛋白质的主要食物来源，肉蛋羹质软味美，营养丰富，可以促进宝宝发育，也利于宝宝智力的发育。

准备： 5 分钟 **烹饪：** 20 分钟

辅食次数： 1 天 2 次

1 次吃多少： 20 克

原料： 猪里脊肉 30 克，鸡蛋黄 1 个。

做法：

1. 猪里脊肉洗净，剁成泥。
2. 鸡蛋黄中加入等量凉开水，打散。
3. 加入肉泥，朝一个方向搅匀，上锅蒸 15 分钟即可。

促进智力发育

配方奶绿豆沙

配方奶含有宝宝生长发育所需的营养素，绿豆清热解毒，两者搭配是宝宝在夏天里的一道美味辅食，补充营养的同时能提升食欲，消暑解热。

准备： 1 小时 **烹饪：** 20 分钟

辅食次数： 1天1次

1次吃多少： 20毫升

原料： 绿豆50克，配方奶100毫升。

做法：

1 绿豆浸泡1小时，放入锅中加水煮熟。

2 将煮熟的绿豆放到榨汁机中，加入配方奶搅打均匀即可。

提升食欲，清热解毒

蛋白质 维生素

胡萝卜肉末粥

胡萝卜含有胡萝卜素、蛋白质、钙、磷、铁、核黄素、维生素C等多种营养成分，与肉末、鸡蛋搭配食用，可保护视力，促进生长发育。

准备： 5 分钟 **烹饪：** 20 分钟

辅食次数： 1天2次

1次吃多少： 20克

原料： 大米30克，胡萝卜半根，猪瘦肉15克，鸡蛋黄1个。

做法：

1 胡萝卜、猪瘦肉分别洗净，切碎；大米洗净；鸡蛋黄打散。

2 锅中加水，放大米、猪瘦肉碎、胡萝卜碎煮成粥，打入蛋黄液煮熟即可。

保护视力，促进发育

胡萝卜素

蛋白质

维生素

配方奶饼干

手指饼干泡湿后可以让宝宝拿着磨牙，这样有利于宝宝学习咀嚼，也对宝宝出牙有帮助。妈妈可以在家亲自烘焙手指饼干，更营养健康。

准备： 1 分钟 **烹饪：** 5 分钟

辅食次数： 1天1次

1次吃多少： 20克

原料： 手指饼干5根，配方奶适量。

做法：

1 将配方奶稍温热，放入小碗中。

2 将手指饼干蘸着配方奶喂给宝宝吃，也可以蘸完后让宝宝自己拿着手指饼干吃。

学习咀嚼，利于出牙

蛋白质

碳水化合物

芋头丸子汤

芋头和牛肉富含蛋白质、钙、磷、铁、胡萝卜素等营养物质，还含有丰富的低聚糖，低聚糖能增强宝宝的免疫力。

准备： 10 分钟 **烹饪：** 20 分钟

辅食次数： 1 天 1 次

1 次吃多少： 20 克

原料： 牛肉 20 克，芋头 30 克。

做法：

1 芋头削去皮，洗净，切成丁。
2 将牛肉洗净，切成碎末；切好的牛肉末加一点点水沿着一个方向搅打上劲，做成丸子。
3 锅内加水煮沸，下入牛肉丸子和芋头丁，煮沸后再小火煮熟，压碎丸子喂给宝宝即可。

补血，增强体质

低聚糖 蛋白质

鸡毛菜面

鸡毛菜含有丰富的钙、磷、铁，而且维生素含量也很丰富，不但有利于宝宝的生长发育，而且能提高宝宝的免疫力。

准备： 5 分钟 **烹饪：** 20 分钟

辅食次数： 1 天 1 次

1 次吃多少： 20 克

原料： 面条 25 克，鸡毛菜 20 克。

做法：

1 鸡毛菜择洗干净后，放入热水锅中烫熟，捞出晾凉后，切碎并捣成泥。
2 将面条掰成短小的段，放入沸水中煮熟。
3 起锅后加入适量鸡毛菜泥即可。

促进生长发育，提高免疫力

维生素 

钙

紫菜瘦肉粥

紫菜富含蛋白质、维生素等营养，其蛋白质含量与大豆差不多；维生素 A 约为牛奶的 67 倍，能有效提高宝宝的免疫力。

准备： 30 分钟 **烹饪：** 20 分钟

辅食次数： 1 天 2 次

1 次吃多少： 20 克

原料： 紫菜、瘦肉各 10 克，大米 20 克。

做法：

1 大米淘洗干净，浸泡半小时；将瘦肉切成小丁；紫菜漂洗干净，切碎。
2 大米加水熬成粥，加入瘦肉丁、紫菜碎，转小火再煮至瘦肉丁熟透即可。

提高免疫力

百宝豆腐羹

百宝豆腐羹营养丰富、均衡，鸡肉、虾仁含有对宝宝生长发育非常重要的磷脂类，是宝宝膳食结构中脂肪和磷脂的重要来源之一。

准备： 5 分钟 **烹饪：** 20 分钟

辅食次数： 1天1次

1次吃多少： 20克

原料： 鸡肉、菠菜、豆腐各10克，虾仁3个，干香菇2朵。

做法：

1 将鸡肉、虾仁洗净剁成泥；干香菇泡发后去蒂，洗净，切丁；菠菜焯水后切末；豆腐压成泥。

2 高汤入锅，煮开后放鸡肉泥、虾仁泥、香菇丁；再煮开后，放入豆腐泥和菠菜末，小火煮熟即可。

促进生长发育

蛋白质 磷脂 钙

草酸溶于水，提前把菠菜在沸水中焯1分钟即可有效去除草酸。

宝宝不同月龄这样添加

7个月（蘑菇碎） → 8个月（蘑菇块） 9个月（蘑菇片）

鱼泥豆腐苋菜粥

鱼肉含蛋白质、钙、磷及维生素等营养成分。苋菜含有丰富的铁、钙和维生素K，可以增强宝宝的造血功能。

准备： 5 分钟 **烹饪：** 20 分钟

辅食次数： 1天2次

1次吃多少： 20克

原料： 大米20克，苋菜、鱼肉、豆腐各10克。

做法：

1. 豆腐洗净切丁；苋菜择洗干净，用开水焯一下，切碎。
2. 鱼肉放入盘中，入锅隔水蒸熟，去刺，压成泥。
3. 将大米淘洗干净，加水煮成粥，加鱼肉泥、豆腐丁与苋菜末，煮熟。

增强造血功能

铁 钙

青菜玉米糊

玉米中的维生素B_6、烟酸等成分，具有刺激胃肠蠕动，加速排便的功能，可防治宝宝便秘、肠炎等常见不适和疾病。

准备： 5 分钟 **烹饪：** 20 分钟

辅食次数： 1天2次

1次吃多少： 20克

原料： 青菜20克，玉米面30克。

做法：

1. 青菜择洗干净，放入锅中焯熟，捞出晾凉后切碎并捣成泥。
2. 锅内加水烧开，边搅边倒入玉米面，防止煳锅底和外溢。
3. 玉米面煮熟后放入青菜泥，调匀即可。

防治便秘、肠炎

烟酸 维生素B_6

芝麻米糊

白芝麻中含有丰富的脂肪、蛋白质、维生素，大米中碳水化合物含量很高。这道米糊清香四溢，可勾起宝宝的食欲，同时还能润肠通便。

准备： 5 分钟 **烹饪：** 40 分钟

辅食次数： 1天1次

1次吃多少： 20克

原料： 白芝麻20克，大米30克。

做法：

1. 大米放入平底锅，小火烘炒5分钟，随后放入白芝麻翻炒至熟。
2. 大米和白芝麻放入搅拌机搅打成芝麻米粉，再用筛网过滤，去除未打碎的大颗粒。
3. 芝麻米粉放入锅中，加清水，大火烧沸后转小火熬煮20分钟，制成芝麻米糊。

提胃口，润肠通便

脂肪

黑芝麻核桃糊

黑芝麻核桃糊含有大量的蛋白质、维生素A、维生素E、卵磷脂、钙、铁、镁等营养成分，为宝宝的成长发育提供了均衡的营养。

准备： 5 分钟 **烹饪：** 20 分钟

辅食次数： 1天1次

1次吃多少： 20克

原料： 黑芝麻30克，核桃仁20克。

做法：

1 将黑芝麻去杂质，入锅，小火炒熟，趁热装入碗中，碾成细末。

2 将核桃仁碾成细末，与黑芝麻末充分混匀。

3 用沸水冲调成黏稠状，稍凉后即可喂宝宝。

均衡营养，乌发

蛋白质 维生素

小米南瓜粥

小米中的B族维生素含量在粮食排行中名列前茅，而且有养胃的功效。南瓜富含胡萝卜素、钙、铁等，可促进宝宝的视力和骨骼发育。

准备： 5 分钟 **烹饪：** 30 分钟

辅食次数： 1天2次

1次吃多少： 20克

原料： 南瓜20克，小米30克。

做法：

1 南瓜去皮，去子，切成小块；小米洗净，备用。

2 将南瓜和小米一起放入锅内，加水，大火煮沸，转小火煮至小米和南瓜软烂，盛入碗中，晾温后喂宝宝即可。

养胃，利于视力发育

肝末鸡蛋羹

鸭肝含有丰富的人体容易吸收的铁元素，是宝宝很好的一种补血食物，和蛋黄一起食用，既能预防贫血，又能促进宝宝大脑发育。

准备： 5 分钟 **烹饪：** 10 分钟

辅食次数： 1天1次

1次吃多少： 20克

原料： 鸭肝20克，鸡蛋黄1个。

做法：

1 鸭肝煮熟按压成泥，备用。

2 鸡蛋黄加适量温开水打匀，放入鸭肝碎搅匀，隔水蒸7分钟左右出锅，晾温后喂宝宝。

补血，益智

铁 卵磷酸

第5章

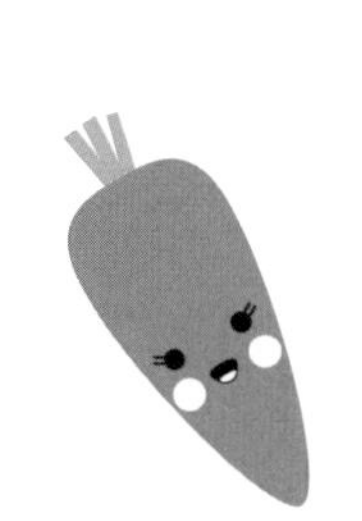

9个月：爱上小面条

满9个月的宝宝，吃辅食也有一段时间了，对汤、泥、羹基本都适应了，很多宝宝已经萌出了乳牙，这时候他会非常喜欢吃小面条等细碎食物，妈妈可以给他吃些稀粥、面条、蔬菜碎，这样能更好地锻炼宝宝的咀嚼和吞咽能力。

9 个月宝宝的身体发育和营养补充

宝宝每时每刻都在模仿中学习和成长着，小家伙不但模仿父母，还会对着镜子又乐又拍手，真不知道是谁在模仿谁。此时宝宝能够随心所欲地躺下、坐起、爬行、扶着迈步走，一刻也不能离开人，妈妈要时时刻刻盯着他。

9 个月宝宝会这些

- 看的能力进一步增强，能够有目的地去看。
- 对声音的刺激特别感兴趣，有任何风吹草动都逃不过他的耳朵。
- 运动能力增强，可以自由坐卧了，扶着东西可以站立一会儿。
- 进一步理解语言，依靠情境可以理解“吃饭饭”“妈妈喂”等语言了。
- 可以理解物体的性质，通过眼、手、嘴、牙、舌头全方位认识事物。
- 对父母更加依恋。

体重

- 9 个月时，男宝宝的体重平均为 9.33 千克。
- 9 个月时，女宝宝的体重平均为 8.69 千克。

身高

- 9 个月时，男宝宝的身高平均为 72.6 厘米。
- 9 个月时，女宝宝的身高平均为 71.0 厘米。

营养补充

- 增加辅食品种，保证营养均衡。
- 及时补充钙、镁、维生素 D，晒晒太阳，满足宝宝骨骼和肌肉的发育所需。
- 补充卵磷脂，提高宝宝记忆力。
- 保证碳水化合物的摄取，为宝宝提供所需热量。
- 核苷酸必不可少，可增强宝宝免疫力。
- 蛋白质可促进宝宝身体组织的生长。
- 计划让宝宝在 1 岁后断奶的妈妈，也要从这时候开始有意识地减少母乳喂养的次数。
- 这个月龄的宝宝已经长牙，有了咀嚼能力，可以给宝宝增加膳食纤维多的食物和硬质食物，这对宝宝牙齿的发育非常有利，也能锻炼他的消化系统。
- 平时可以选择膳食纤维多的蔬菜和水果，切成宝宝容易入口的大小给宝宝吃。

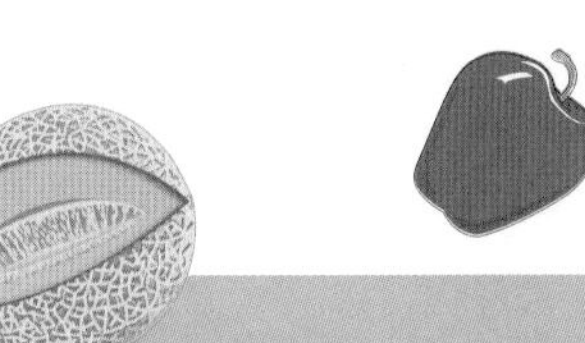

吃得好，睡得好

这个月的宝宝，睡眠越来越有规律，白天可以睡一两次，每次 2 个小时左右，夜间可以睡 10 个小时左右。宝宝越来越喜欢吃辅食，因此要减少喂奶的次数和量，慢慢用辅食取代一部分母乳。

宝宝最爱吃的辅食餐

宝宝萌出了乳牙，咀嚼、吞咽能力增强了，他会很喜欢吃面条，可以换着花样喂给他。吃水果时，可以切成小薄片或小块，让宝宝直接吃。现在可以让宝宝和家人一起吃饭，让宝宝感受到一起用餐的愉悦，但是辅食还是要单独制作。

为了保护宝宝娇嫩的肠胃，需要把西红柿去皮。

西红柿鸡蛋烂面条

西红柿鸡蛋烂面条含有丰富的胡萝卜素、矿物质、碳水化合物、有机酸。其中有机酸可增加胃液酸度，帮助消化，调理宝宝的肠胃功能；胡萝卜素可防止宝宝患佝偻病和眼病。

准备： 5 分钟 **烹饪：** 10 分钟

辅食次数： 1 天 2 次

1 次吃多少： 30 克

原料： 儿童面条 30 克，西红柿半个，鸡蛋黄 1 个，木耳碎适量。

做法：

1 西红柿洗净，去皮，切小块；鸡蛋黄打散。

2 将儿童面条放入开水锅中，再次煮沸后，放西红柿块、蛋黄液和木耳碎，煮熟即可。

调理肠胃

胡萝卜素 有机酸

宝宝不同月龄这样添加

4~5 个月（西红柿汁） → 6~8 个月（西红柿泥） → 9 个月（西红柿丁） → 1 岁半以后（西红柿片）

白菜烂面条

大白菜含有丰富的维生素C、维生素E，经常吃白菜，能增强皮肤的抗损伤能力，可以起到很好的护肤和养颜效果。

准备： 5 分钟 **烹饪：** 10 分钟

辅食次数： 1天2次

1次吃多少： 30克

原料： 儿童面条30克，白菜叶20克。

做法：

1 将白菜叶洗净后用热水烫一下，捞出晾凉，切碎。

2 将面条掰碎，放入锅中，煮沸后，放入白菜碎，煮熟盛入碗中即可。

护肤，美颜

维生素

猪肉软面条

猪肉面条富含碳水化合物、蛋白质、维生素、铁等，能为宝宝的生长发育提供能量，起到强壮身体的作用。

准备： 5 分钟 **烹饪：** 20 分钟

辅食次数： 1天1次

1次吃多少： 30克

原料： 儿童面条30克，猪瘦肉末20克，排骨汤适量。

做法：

1 儿童面条煮熟，捞出，剪成小段。

2 锅中放排骨汤，煮沸后将猪瘦肉末放入，煮至熟透，放入煮好的面条略煮即可。

补充能量，强身健体

鳕鱼毛豆

鳕鱼具有高营养、低胆固醇的特点，含有宝宝发育所必需的各种氨基酸。毛豆富含优质植物蛋白、核苷酸，易于消化吸收，提高肠道免疫力。

准备： 5 分钟 **烹饪：** 30 分钟

辅食次数： 1天1次

1次吃多少： 30克

原料： 鳕鱼肉30克，毛豆20克。

做法：

1 鳕鱼洗净、蒸熟，盛入碗中，碾成泥糊状。

2 毛豆煮熟后剥皮，碾成泥糊状。

3 锅内放入清水煮沸，放入毛豆泥、鳕鱼泥略煮，盛入碗中，晾温后喂宝宝即可。

提高肠道免疫力

肉末海带羹

海带含有碘、铁、钙、甘露醇、胡萝卜素、维生素、烟酸等人体所需的营养成分，有促进宝宝大脑发育的作用。

准备： 5 分钟 **烹饪：** 15 分钟

辅食次数： 1 天 1 次

1 次吃多少： 30 克

原料： 猪瘦肉 20 克，海带 30 克。

做法：

1 海带洗净后切成细丝；猪瘦肉洗净，切末。

2 锅内加水煮开后，放入海带丝煮熟，然后放入猪瘦肉末，边煮边搅，待再次煮开后继续煮 3 分钟即可。

帮助大脑发育

铁 钙 碘

排骨汤面

排骨汤面除含蛋白质、维生素外，还含有大量磷酸钙、骨胶原、骨黏蛋白等，可为宝宝提供钙质，促进宝宝骨骼和牙齿的生长。

准备： 5 分钟 **烹饪：** 2.5 小时

辅食次数： 1 天 1 次

1 次吃多少： 30 克

原料： 儿童面条 30 克，排骨 50 克。

做法：

1 排骨洗净，汆水，去浮沫。

2 排骨放锅中，加适量水，大火烧开后，转小火炖 2 小时。

3 盛出排骨，放入面条煮熟，盛出，放上几块排骨肉。

4 排骨肉晾凉后撕成小细丝喂给宝宝。

促进骨骼、牙齿生长

钙 骨胶原

牛肉面

牛肉味道鲜美，富含蛋白质、氨基酸，能提高抗病能力，对宝宝的生长发育特别有利。面条易于消化吸收，可增强免疫力、平衡营养吸收。

准备： 5 分钟 **烹饪：** 30 分钟

辅食次数： 1 天 1 次

1 次吃多少： 30 克

原料： 牛肉 20 克，儿童面条 30 克，青菜叶、高汤适量。

做法：

1 将面条下入清水锅中煮熟，捞出备用；青菜叶洗净，切碎。

2 牛肉洗净，切成比较小的颗粒。

3 将高汤煮开，加入牛肉粒煮熟，再加入面条、青菜叶碎稍煮即可出锅，盛出晾温后喂宝宝。

平衡营养吸收

氨基酸 蛋白质

小米芹菜粥

小米含有多种维生素、氨基酸等人体所必需的营养物质，对维持宝宝神经系统的正常运转起着重要的作用。芹菜可以预防宝宝便秘。

准备： 5 分钟 **烹饪：** 30 分钟

辅食次数： 1天2次

1次吃多少： 30克

原料： 芹菜20克，小米30克。

做法：

1. 小米洗净，加水放入锅中，熬煮成粥。
2. 芹菜洗净，切成丁，在小米粥熬熟时放入。
3. 放入芹菜丁后再煮3分钟即可，盛入碗内，晾温喂宝宝。

维持神经系统运转

鱼泥馄饨

鱼泥馄饨荤素搭配，鳕鱼富含的DHA、ARA是大脑和视网膜的构成成分，碳水化合物是宝宝维持生命活动所需能量的来源。

准备： 5 分钟 **烹饪：** 30 分钟

辅食次数： 1天1次

1次吃多少： 30克

原料： 鳕鱼肉50克，馄饨皮10张，芹菜2根，香葱末适量。

做法：

1. 鳕鱼肉洗净去刺，剁成泥；芹菜洗净剁碎。
2. 鱼泥加芹菜碎拌匀做馅，包入馄饨皮中。
3. 锅内加水，煮沸后放入馄饨煮熟，撒上香葱末即可。

促进大脑和视网膜发育

油麦菜面

油麦菜富含铜，铜是宝宝不可缺少的微量元素，对于血液、中枢神经和免疫系统、头发、皮肤和骨骼组织以及内脏的发育有重要影响。

准备： 5 分钟 **烹饪：** 30 分钟

辅食次数： 1天2次

1次吃多少： 30克

原料： 儿童面条30克，油麦菜20克。

做法：

1. 油麦菜择洗干净后，放入热水锅中烫熟，捞出晾凉后切碎。
2. 将儿童面条掰碎，放入沸水中煮软，起锅后盛入碗中，加入油麦菜碎拌匀即可。

促进中枢神经和内脏发育

紫菜虾皮汤

紫菜营养丰富，而且有清肺热的功效。虾皮中含有丰富的蛋白质和矿物质，利于宝宝对营养的均衡吸收。

准备： 5 分钟 **烹饪：** 30 分钟

辅食次数： 1天1次

1次吃多少： 30克

原料： 紫菜、蛋黄液各20克，虾皮、香菜末各适量。

做法：

1 紫菜洗净，切碎。

2 将紫菜碎、虾皮放入锅中，加适量水煮熟，倒入蛋黄液，待蛋黄液熟后撒上香菜末即可。

提高营养吸收率

膳食纤维

钙

蛋白质

燕麦南瓜粥

燕麦和南瓜富含蛋白质、磷、铁、钙以及人体必需氨基酸，而且在调理消化道功能方面功效卓著，特别适合便秘的宝宝食用。

准备： 1 小时 **烹饪：** 30 分钟

辅食次数： 1天1次

1次吃多少： 30克

原料： 大米20克，南瓜30克，燕麦片10克。

做法：

1 大米淘洗干净，用水浸泡1小时；南瓜洗净，削皮，切小块。

2 大米放入锅中，加水煮成粥后放入南瓜块和燕麦片，继续小火煮20分钟即可。

调理肠道，防治便秘

膳食纤维

磷

氨基酸

油菜胡萝卜鱼丸汤

鱼丸含有丰富的DHA，可提高宝宝脑细胞活力，让宝宝更加聪明、活泼。油菜中所含的钙、磷能够促进骨骼发育，增强机体的造血功能。

准备： 5 分钟 **烹饪：** 30 分钟

辅食次数： 1天2次

1次吃多少： 30克

原料： 油菜20克，鳕鱼肉50克，胡萝卜半根。

做法：

1 鳕鱼肉去刺，剁成泥，制成鱼丸；油菜择洗干净，剁碎；胡萝卜洗净，切丁。

2 锅内加水，煮沸后放胡萝卜丁、油菜碎、鱼丸煮熟即可。

3 用勺子将鱼丸压碎喂给宝宝吃。

提高脑细胞活力

磷

钙

DHA

黄豆芝麻粥

黄豆内含有一种脂肪物质叫亚油酸，能促进宝宝的神经发育，让宝宝更聪明；黄豆还富含镁、钙等营养物质，对提高宝宝免疫力大有帮助。

准备：1 小时 烹饪：30 分钟

辅食次数：1天1次

1次吃多少：30克

原料：大米50克，黄豆、熟黑芝麻各20克。

做法：

1 黄豆、大米洗净，浸泡1小时。

2 将大米、黄豆放入锅中，加水煮粥，粥熟后撒上黑芝麻即可。

3 黄豆压碎后喂给宝宝吃。

促进神经系统发育

鲜虾粥

虾含有丰富的镁，对心脏活动有调节作用，能保护心血管系统。虾中所含的磷、钙，可以促进宝宝骨骼和牙齿的顺利生长，增强体质。

准备：5 分钟 烹饪：20 分钟

辅食次数：1天1次

1次吃多少：30克

原料：鲜虾3只，大米30克。

做法：

1 鲜虾洗净，去头，去壳，去虾线，剁碎。

2 大米淘洗干净，加水煮成粥，加鲜虾碎搅拌均匀即可。

保护心血管系统

鸡肉馄饨

鸡肉富含不饱和脂肪酸，是宝宝获取蛋白质的较好来源。此外，鸡肉中还含有维生素、烟酸、钙、磷、钾、钠、铁等，适合宝宝食用。

准备：15 分钟 烹饪：20 分钟

辅食次数：1天1次

1次吃多少：30克

原料：青菜、鸡肉末各20克，馄饨皮10个，鸡汤、葱花适量。

做法：

1 将青菜择洗干净，切成碎末，与鸡肉末拌匀做馅。

2 馅放入馄饨皮中包成10个小馄饨。

3 鸡汤烧开，下入小馄饨，煮熟时撒上葱花即可。

对贫血有食疗作用

丝瓜虾皮粥

丝瓜味甘性凉，能清热、凉血、解毒，与大米同煮成粥，有清热和胃、化痰止咳作用，对治疗宝宝咳嗽或咽喉肿痛有一定效果。

准备： 30 分钟 **烹饪：** 20 分钟

辅食次数： 1 天 1 次

1 次吃多少： 30 克

原料： 丝瓜 40 克，大米 30 克，虾皮适量。

做法：

1. 丝瓜洗净，去皮，切丁；大米洗净，浸泡 30 分钟。
2. 大米倒入锅中，加水煮成粥，将熟时，加丝瓜丁和虾皮同煮，煮熟即可。

缓解咳嗽或咽喉肿痛

钾 维生素

虾仁豆腐

虾含有丰富的蛋白质，营养价值很高，还含有丰富的矿物质，如镁、钙、磷、铁等。豆腐中也富含钙，可促进骨骼和牙齿发育，提高免疫力。

准备： 15 分钟 **烹饪：** 20 分钟

辅食次数： 1 天 1 次

1 次吃多少： 30 克

原料： 豆腐 50 克，虾仁 5 个。

做法：

1. 豆腐洗净、切丁；虾仁去虾线，洗净、切丁。
2. 清水锅烧开，放豆腐丁煮熟，再放入虾仁丁煮熟即可。
3. 用勺子将豆腐压碎喂给宝宝。

增强身体免疫力

蛋白质 镁 钙

苹果鸡肉粥

苹果鸡肉粥富含碳水化合物、蛋白质、维生素、果酸、矿物质等，能为宝宝提供能量，促进新陈代谢，维持大脑、神经系统正常发育。

准备： 1 小时 **烹饪：** 20 分钟

辅食次数： 1 天 2 次

1 次吃多少： 30 克

原料： 苹果半个，鸡胸肉 30 克，鲜香菇 2 朵，大米 50 克。

做法：

1. 大米洗净，泡 1 小时；鸡胸肉、苹果、鲜香菇均洗净，切丁。
2. 大米放入锅中，加适量水，放入鸡胸肉丁、苹果丁、香菇丁，用小火煮熟即可。

维持大脑、神经系统正常发育

冬瓜肉末面

冬瓜具有清热解暑的作用，对缓解痰热咳喘也很有帮助，与面条和猪肉同时食用，既能补充足够的碳水化合物和蛋白质，又能缓解暑热。

准备： 5 分钟 **烹饪：** 20 分钟

辅食次数： 1 天 1 次

1 次吃多少： 30 克

原料： 儿童面条 30 克，冬瓜 30 克，猪瘦肉末 15 克。

做法：

1 冬瓜去皮，切块，放入沸水中煮熟，备用。

2 将猪瘦肉末、冬瓜块及儿童面条下入开水锅中，大火煮沸，转小火煮至冬瓜熟烂即可。

蛋白质遇热会凝固在肉里，所以要将肉末碾碎喂宝宝。

清热解毒，缓解痰热咳喘

宝宝不同月龄这样添加

4~5 个月（冬瓜汁）

6~8 个月（冬瓜糊）

9 个月（冬瓜丁）

10 个月以后（冬瓜片）

什锦鸭羹

什锦鸭羹富含蛋白质、钙、镁等矿物质，能提高宝宝记忆力和集中力。鸭肉可除热消肿，尤其适合食用配方奶容易上火的宝宝。

准备： 5 分钟 **烹饪：** 1 小时

辅食次数： 1 天 2 次

1 次吃多少： 30 克

原料： 鸭肉 30 克，鲜香菇 1 朵，青笋 20 克。

做法：

1. 将鸭肉、鲜香菇、青笋全部洗净切成小丁，汆水后再洗净。
2. 锅中放入清水，烧沸后放入所有原料，煮至鸭肉酥烂即可。

提高记忆力和集中力

镁

翡翠汤

香菇含有香菇素、胆碱、亚油酸、碳水化合物及多种酶，对脑功能发育有促进作用。另外，香菇等菌类食物可提高身体免疫力。

准备： 5 分钟 **烹饪：** 30 分钟

辅食次数： 1 天 1 次

1 次吃多少： 30 克

原料： 鸡胸肉、豆腐、西蓝花各 20 克，鲜香菇 1 朵，蛋黄液适量。

做法：

1. 所有原料洗净，鲜香菇切丝；鸡胸肉切丁；豆腐压泥；西蓝花切碎。
2. 锅中加水，放入除蛋黄液的所有原料煮沸，最后淋上蛋黄液，煮熟即可。

促进脑功能正常发育

亚油酸 胆碱

鲜虾冬瓜汤

此汤含有多种维生素和宝宝必需的微量元素，可调节代谢平衡，还有清热解暑的功效，对配方奶喂养以及胃口不佳的宝宝尤其适合。

准备： 10 分钟 **烹饪：** 20 分钟

辅食次数： 1 天 1 次

1 次吃多少： 30 克

原料： 冬瓜 100 克，鲜虾 3 只。

做法：

1. 冬瓜洗净，去皮，切片；鲜虾去头，去壳，去虾线，洗净。
2. 锅中加水烧开后，放入冬瓜片，冬瓜快煮熟时加入鲜虾煮熟。
3. 虾肉用勺子压碎喂给宝宝吃。

调节代谢平衡

苋菜鱼肉羹

苋菜鱼肉羹既含有丰富的蛋白质和维生素，又富含易被人体吸收的钙质，不但有健脾开胃之效，还能促进宝宝牙齿和骨骼的生长。

准备： 5 分钟 **烹饪：** 30 分钟

辅食次数： 1 天 1 次

1 次吃多少： 30 克

原料： 苋菜 20 克，鱼肉 30 克，葱花适量。

做法：

1 将鱼肉洗净，去刺切丁；苋菜洗净，切段。

2 锅中加适量的水烧开，放入鱼肉丁、苋菜段煮开，出锅前撒上葱花即可。

健脾开胃，补钙

钙

苹果猕猴桃羹

猕猴桃富含维生素 C、维生素 A 和维生素 E 等营养物质，还含有其他水果中少见的叶酸、胡萝卜素，其富含的膳食纤维，可以改善便秘症状。

准备： 5 分钟 **烹饪：** 15 分钟

辅食次数： 1 天 2 次

1 次吃多少： 30 克

原料： 猕猴桃 1 个，苹果半个。

做法：

1 苹果洗净，去皮、去核后，切成丁；猕猴桃去皮，切成丁。

2 将苹果丁、猕猴桃丁放入锅内，加适量水大火煮沸，再转小火煮 10 分钟即可。

改善便秘

鸡茸豆腐羹

鸡茸豆腐羹是高蛋白的辅食，脂肪含量低，而且多为不饱和脂肪酸，是消化能力尚不太强的宝宝的理想食品。

准备： 5 分钟 **烹饪：** 15 分钟

辅食次数： 1 天 1 次

1 次吃多少： 30 克

原料： 鸡肉、豆腐各 20 克，玉米粒、高汤适量。

做法：

1 鸡肉洗净，剁碎；玉米粒洗净，加适量水，用搅拌机打成糊；鸡肉、玉米糊与高汤一同入锅煮沸。

2 豆腐洗净捣碎，加入煮沸的高汤中，煮熟即可。

保护肠胃，利于消化

土豆粥

土豆富含蛋白质、维生素、钙、镁、钾等营养素。宝宝若有腹胀腹痛、消化不良等症状，妈妈可以做点土豆粥，可通便降火、消炎去毒。

准备： 30 分钟 **烹饪：** 20 分钟

辅食次数： 1 天 1 次

1 次吃多少： 30 克

原料： 土豆半个，豆腐 20 克，肉末、青菜末各适量。

做法：

1 将青菜洗净，切碎；土豆洗净，去皮，切成小块，煮熟，捣成泥；大米淘洗干净，浸泡 30 分钟。

2 锅内加适量水，放入大米煮粥，粥将熟时，放入土豆泥 、肉末，煮至粥熟后放青菜碎略煮即可。

通便，消炎

维生素 蛋白质

菠菜鸡肝粥

鸡肝中维生素 A 的含量超过奶、蛋、肉、鱼等食物，宝宝经常吃点鸡肝，可以使眼睛更加明亮，精力更加充沛。

准备： 5 分钟 **烹饪：** 20 分钟

辅食次数： 1 天 1 次

1 次吃多少： 30 克

原料： 菠菜、鸡肝各 15 克，大米 30 克。

做法：

1 鸡肝洗净，切片；菠菜洗净，切碎；大米淘洗干净，加水煮粥。

2 粥快熟时放入鸡肝片，鸡肝熟后放入菠菜碎再煮几分钟即可。

明目，补血

维生素 A 蛋白质

香菇鱼丸汤

香菇鱼丸汤高蛋白、低脂肪，含多种氨基酸和维生素，可提高机体免疫功能，增强宝宝对疾病的抵抗能力。

准备： 5 分钟 **烹饪：** 20 分钟

辅食次数： 1 天 1 次

1 次吃多少： 30 克

原料： 鱼肉 50 克，鲜香菇 2 朵，豆腐适量。

做法：

1 鲜香菇洗净，切花刀；豆腐切薄片；鱼肉去骨、去刺，剁成泥，制成鱼丸。

2 锅中加水，放香菇、豆腐片、鱼丸煮熟即可。

3 将鱼丸、香菇压碎喂给宝宝。

提高机体免疫力

氨基酸 蛋白质

蛋花豌豆汤

豌豆所含的赤霉素和植物凝素等物质，具有抗菌消炎、增强宝宝身体新陈代谢的功能。与大米、蛋黄同煮，可有效促进宝宝的生长发育。

准备： 30 分钟 **烹饪：** 40 分钟

辅食次数： 1天1次

1次吃多少： 30克

原料： 鸡蛋黄1个，大米30克，豌豆20克。

做法：

1 大米、豌豆洗净，浸泡30分钟。
2 将泡好的大米、豌豆放入锅中，加适量的水，大火煮沸后，转小火慢煮至大米、豌豆熟烂。
3 蛋黄打散，慢慢倒入锅中，搅匀，再稍煮片刻即可。

增强新陈代谢能力

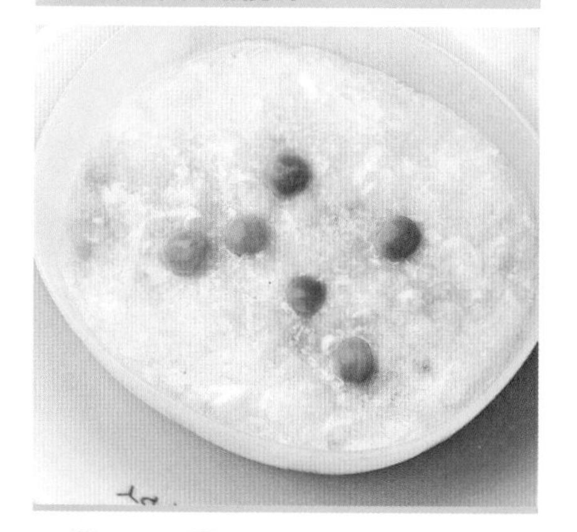

赤霉素 植物凝素

疙瘩汤

使用鱼汤做成的疙瘩汤，富含DHA、蛋白质、B族维生素，口感细腻、易于消化吸收，能促进大脑发育，让宝宝更聪明。

准备： 5 分钟 **烹饪：** 20 分钟

辅食次数： 1天1次

1次吃多少： 30克

原料： 面粉30克，鱼汤1碗，鸡蛋黄1个。

做法：

1 将面粉中加入适量水，用筷子搅成细小的面疙瘩。
2 将鱼汤倒入锅中，烧开后放入面疙瘩煮熟；将鸡蛋黄打散放入其中，稍煮片刻即可。

促进大脑发育

虾泥

虾泥软烂、鲜香，含有丰富的蛋白质、脂肪，其中含有多种人体必需氨基酸及不饱和脂肪酸，是极佳的健脑补钙食物。

准备： 5 分钟 **烹饪：** 20 分钟

辅食次数： 1天2次

1次吃多少： 30克

原料： 鲜虾5只。

做法：

1 鲜虾洗净，去头，去壳，去虾线，剁成虾泥后，放入碗中。
2 在碗中加少许水，上锅隔水蒸熟即成。

健脑，补钙

钙

第 6 章

10 个月：可以嚼着吃

大部分宝宝到了 10 个月，都长出 2~4 颗牙齿了，他们已经不满足于吃软软的、没有硬度的食物了。饼干、面包、馒头、软米饭……可以嚼着吃的食物会更受宝宝的青睐，他们会认真地嚼着，咂巴着小嘴，慢慢品味食物的美味。

10个月宝宝的身体发育和营养补充

当宝宝专心地上下移动玩具，移近又移远，那是他在探索世界。此时，宝宝开始有了自己的主意，想拒绝的时候，他可能说“不”。宝宝行动能力越来越强，这不，他已经在跃跃欲试，想要迈步了。

10个月宝宝会这些

- 对陌生的东西会表现出好奇，喜欢看画册上的人物和动物。
- 能够听懂部分词语，有的宝宝能听懂“走”、“坐”、“站”等简单词语。
- 双腿更加有力，能够扶着床栏站着并沿床栏行走，能独站片刻。
- 进入语言学习的快速增长期，听得懂爸爸妈妈的很多话。
- 手的感知和精细动作有很大进步，可以自由熟练地抓握东西，特别喜欢扔东西。
- 理解大人说“不”，并立刻停止被制止的行动。

体重

- 宝宝这个月体重的增长速度和上个月没有很大的差别。
- 10 个月时，男宝宝的体重平均为 9.58 千克。
- 10 个月时，女宝宝的体重平均为 8.94 千克。

身高

- 10 个月时，男宝宝的身高平均为 74.0 厘米。
- 10 个月时，女宝宝的身高平均为 72.4 厘米。

营养补充

- 继续母乳喂养，增强宝宝免疫力。
- 适量添加膳食纤维，促进咀嚼肌发育，增强胃肠消化功能。
- 多吃应季的水果，补充维生素和必不可少的营养素。
- 给宝宝吃磨牙棒，缓解出牙不适，锻炼咀嚼能力。
- 补充含铁丰富的食物，预防缺铁性贫血。
- 适当摄入油脂。
- 豆类、花生等又圆又滑的食物要碾碎了再给宝宝吃。
- 这个月，宝宝身高的增长速度与上个月相同，可以增长 1.0~1.5 厘米。

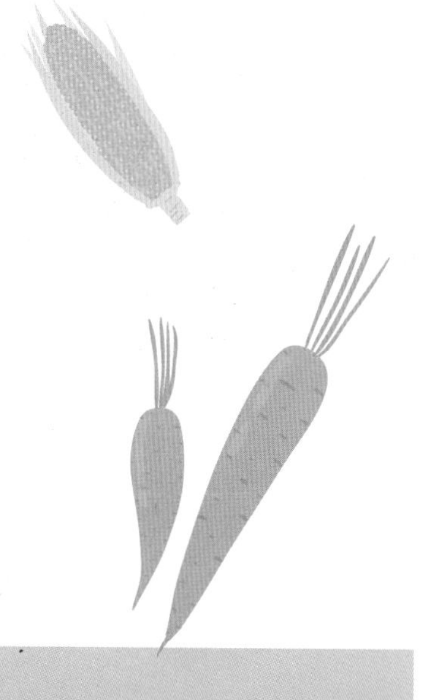

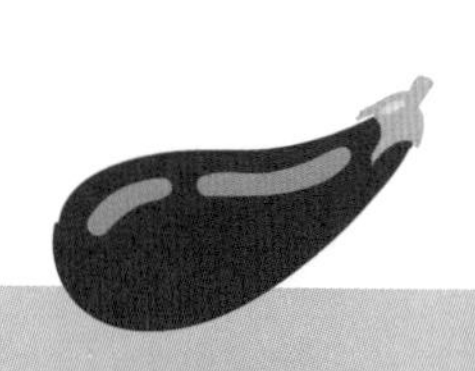

吃得好，睡得好

这个月宝宝的睡眠跟上个月差不多，主要是晚上睡觉，白天睡一两次。宝宝能吃的辅食种类越来越多，如果想断奶，可以减少喂食的母乳量或次数，增加辅食，看看宝宝是否适应，但晚上睡觉前还是要喂母乳。

宝宝最爱吃的辅食餐

现在可以给宝宝吃稠粥、软米饭等辅食了，让宝宝逐渐接受固体食物，同时也能锻炼宝宝的咀嚼和吞咽能力。但仍要注意，宝宝的免疫功能未发育成熟，抵抗力差，容易引起消化系统的感染，所以每次摄入的辅食量不宜太多。

南瓜中的果胶可“吸附”细菌和有毒物质，还可保护胃部免受刺激。

南瓜软饭

南瓜软饭可提供丰富的B族维生素，具有补中益气、健脾养胃的功效，能刺激胃液的分泌，有助于消化，有益于宝宝的身体发育和健康。

准备： 5 分钟 **烹饪：** 40 分钟

辅食次数： 1天2次

1次吃多少： 40克

原料： 大米50克，南瓜30克。

做法：

1 大米洗净，放入锅中，倒入少量水，中火熬煮30分钟。

2 南瓜去皮，切小丁，放入锅中，再煮10分钟即可。

健脾养胃，促生长

宝宝不同月龄这样添加

4~5个月（南瓜汁）

6~7个月（南瓜糊）

8~10个月（南瓜丁）

11个月以后（南瓜片）

菠菜猪血汤

菠菜猪血汤富含的维生素C、胡萝卜素、蛋白质，以及铁、钙、磷等矿物质，可养血止血、敛阴润燥，尤其适合缺铁性贫血的宝宝食用。

准备：5 分钟 烹饪：30 分钟

辅食次数：1天1次

1次吃多少：40克

原料：猪血50克，菠菜20克。

做法：

1 菠菜洗净，切段，焯水；猪血冲洗干净，切小块，氽水。

2 把猪血块放入沸水锅内稍煮，再放入菠菜段煮沸即可。

防贫血，润燥

维生素 铁

黑白粥

黑白粥食材种类多，营养均衡，富含碳水化合物、B族维生素、蛋白质、膳食纤维等，能提供宝宝身体正常运转的能量，帮助宝宝健康成长。

准备：30 分钟 烹饪：30 分钟

辅食次数：1天1次

1次吃多少：40克

原料：大米、黑米、山药丁各20克，百合干10克。

做法：

1 大米、黑米洗净，浸泡30分钟；百合干泡发，掰成小瓣。

2 锅中加水，煮沸后放大米、黑米，熬煮成粥，再放入山药丁、百合瓣，转小火煮熟即可。

帮助宝宝健康成长

软米饭

米饭是补充营养素的基础食物，可维持宝宝大脑、神经系统的正常发育，还具有补中益气、健脾养胃的功效，有助于消化。

准备：30 分钟 烹饪：30 分钟

辅食次数：1天2次

1次吃多少：40克

原料：大米50克。

做法：

1 将米淘净后浸泡30分钟，放入电饭锅。

2 加2倍的水后煮熟即可。

补中益气，助消化

黑米粥

黑米粥的主要营养成分有蛋白质、锰、锌、铜等，更含有维生素 C、叶绿素、花青素、胡萝卜素及强心苷等特殊成分，因此被称为“补血米”。

准备：2 小时 烹饪：30 分钟

辅食次数：1 天 1 次

1 次吃多少：40 克

原料：大米、黑米各 20 克，红豆 10 克。

做法：

1 大米、黑米、红豆分别洗净后，浸泡 2 小时。

2 将大米、黑米、红豆放入锅中，加入适量水煮至稠烂即可。

补血，促成长

矿物质 蛋白质

平菇蛋花汤

平菇含丰富的蛋白质、氨基酸、矿物质等营养成分。平菇中的氨基酸种类齐全，对促进宝宝记忆、增进智力有独特的作用。

准备：5 分钟 烹饪：30 分钟

辅食次数：1 天 1 次

1 次吃多少：40 克

原料：平菇 50 克，小白菜 20 克，蛋黄液适量。

做法：

1 平菇、小白菜均洗净，切碎。

2 油锅烧热，倒入平菇碎炒熟。

3 锅内倒适量水，煮沸后倒入小白菜碎，淋入蛋黄液煮熟即可。

促进记忆，增进智力

什锦水果粥

什锦水果粥鲜香滑软，可口又营养，还能帮助宝宝消化，对维持肠道正常功能及辅食多样化有重要意义。

准备：1 小时 烹饪：30 分钟

辅食次数：1 天 2 次

1 次吃多少：40 克

原料：大米 10 克，苹果半个，香蕉半个，哈密瓜、草莓各适量。

做法：

1 大米淘洗干净，浸泡 1 小时；苹果洗净，去核，切丁；香蕉去皮，切丁；哈密瓜洗净，去皮，去瓤，切丁；草莓洗净切丁。

2 大米加水煮粥，熟时加入苹果丁、香蕉丁、哈密瓜丁、草莓丁稍煮即可。

维持肠道健康

小白菜土豆汤

小白菜土豆汤食材普通，但营养相当丰富。土豆富含维生素和矿物质以及碳水化合物，小白菜清热解毒，很适合宝宝食用。

准备： 5 分钟 **烹饪：** 30 分钟

辅食次数： 1 天 2 次

1 次吃多少： 40 克

原料： 小白菜 30 克，土豆半个，猪瘦肉末 20 克。

做法：

1 小白菜洗净，切碎；土豆去皮，切丁。

2 锅中放适量水，煮沸后下土豆丁，再次煮沸后，放入猪瘦肉末煮熟，最后放切碎的小白菜略煮即可。

清热解毒

珍珠三鲜汤

珍珠三鲜汤的食材丰富，可以给宝宝补充全面、均衡的营养，对宝宝的器官发育和健康成长很有帮助。

准备： 5 分钟 **烹饪：** 30 分钟

辅食次数： 1 天 1 次

1 次吃多少： 40 克

原料： 鸡胸肉末、豌豆、西红柿丁、胡萝卜丁各 20 克，蛋黄液适量。

做法：

1 鸡胸肉末加蛋黄液，朝一个方向搅拌上劲，制成丸子。

2 锅中加适量水，煮沸后放入西红柿丁、胡萝卜丁、豌豆、鸡肉丸，煮熟即可。

补充多种营养物质

蛋白质

紫菜芋头粥

紫菜芋头粥营养丰富，具有开胃生津、营养滋补的作用。紫菜富含铁，可维持机体的酸碱平衡，还能预防宝宝贫血。

准备： 5 分钟 **烹饪：** 30 分钟

辅食次数： 1 天 1 次

1 次吃多少： 40 克

原料： 紫菜 5 克，芋头 1 个，大米 30 克。

做法：

1 紫菜撕碎；芋头洗净，煮熟，去皮，压成泥。

2 大米洗净放入锅中，加水煮至熟时，加紫菜碎、芋头泥略煮即可。

开胃生津，预防贫血

蛋白质

什锦蔬菜粥

什锦蔬菜粥含有碳水化合物、膳食纤维、胡萝卜素、B族维生素和多种无机盐，不仅能促进宝宝的生长发育，还能促进肠胃蠕动。

准备： 1 小时 **烹饪：** 30 分钟

辅食次数： 1天2次

1次吃多少： 40克

原料： 大米30克，芹菜丁、胡萝卜丁、黄瓜丁、玉米粒各10克。

做法：

1 将大米洗净，浸泡1小时。

2 将大米放入锅中，加适量水，煮成粥；粥将熟时，放入胡萝卜丁、芹菜丁、黄瓜丁、玉米粒，煮熟即可。

均衡营养，预防便秘

蛋黄碎牛肉粥

牛肉中的氨基酸组成比猪肉更接近人体需要，能提高机体抗病能力。蛋黄中的卵磷脂被人体消化后可以增强记忆力。

准备： 5 分钟 **烹饪：** 30 分钟

辅食次数： 1天1次

1次吃多少： 40克

原料： 大米、牛肉末各30克，蛋黄液适量。

做法：

1 油锅烧热，放牛肉末炒熟，盛出备用。

2 大米洗净，加适量水，煮成粥，将熟时，放蛋黄液、炒好的牛肉末略煮即可。

提高抗病能力，增强记忆力

绿豆莲子粥

绿豆莲子粥中的钙、磷和钾含量非常丰富，有助于宝宝骨骼和牙齿的发育。莲子还含有蛋白质、铁、维生素等，能增强宝宝体质。

准备： 1 小时 **烹饪：** 30 分钟

辅食次数： 1天1次

1次吃多少： 40克

原料： 绿豆、小米、莲子各20克。

做法：

1 将绿豆、莲子、小米分别洗净，浸泡1小时。

2 将绿豆、莲子、小米放入锅中，加适量水熬成粥即可。

有助于牙齿和骨骼发育

豆腐软饭

软饭在补充能量的同时，还能通过锻炼宝宝咀嚼促进牙齿生长。加入油菜和豆腐，让软饭增加了维生素、钙等营养素，有利于宝宝成长。

准备： 5 分钟 **烹饪：** 30 分钟

辅食次数： 1 天 1 次

1 次吃多少： 40 克

原料： 大米 20 克，油菜 10 克，豆腐 25 克，排骨汤适量。

做法：

1 大米洗净，浸泡 30 分钟；油菜择洗后，切末；豆腐切末。

2 将大米放入锅中，加入适量排骨汤煮沸，再放入豆腐末、油菜末，煮至软烂，捏制成五角星形状，摆上油菜末做点缀即可。

促进牙齿成长

碳水化合物 维生素

油菜软饭

油菜中含有丰富的钙、铁和维生素 C，是人体黏膜及上皮组织维持生长的重要营养源，可养颜润肤。鸡汤还富含氨基酸、钙等营养。

准备： 5 分钟 **烹饪：** 30 分钟

辅食次数： 1 天 2 次

1 次吃多少： 40 克

原料： 大米 30 克，油菜 20 克，鸡汤适量。

做法：

1 大米洗净，加水，蒸成稍软的饭；油菜择洗干净，切末。

2 将煮好的米饭放入锅内，加入适量鸡汤煮开，再加入油菜末，煮至软烂即可。

养颜润肤

氨基酸 维生素 C 钙

蛋黄香菇粥

香菇被视为“菇中之王”，高蛋白、低脂肪，含有多糖、多种氨基酸和多种维生素，可促进人体新陈代谢，提高身体抵抗力。

准备： 1 小时 **烹饪：** 30 分钟

辅食次数： 1 天 1 次

1 次吃多少： 40 克

原料： 大米 30 克，鲜香菇 1 朵，鸡蛋黄 1 个。

做法：

1 大米淘洗干净，浸泡 1 小时。

2 鲜香菇洗净，去蒂，切成丝；鸡蛋黄打散。

3 大米和香菇丝放入锅中，加水煮成粥，再下蛋黄液，搅拌均匀，稍煮即可。

促进新陈代谢

蛋白质 维生素

栗子瘦肉粥

此粥含有蛋白质、钙、磷、铁、维生素 B_1、维生素 B_2、烟酸等营养成分，可补中益气、健脾养胃，对宝宝食欲缺乏、腹胀、腹泻有缓解作用。

准备： 1 小时 **烹饪：** 30 分钟

辅食次数： 1 天 1 次

1 次吃多少： 40 克

原料： 栗子 2 个，大米 30 克，瘦肉末 20 克。

做法：

1 栗子洗净，煮熟后去皮，捣碎；大米洗净，浸泡 1 小时。

2 锅中加适量水，煮沸后加栗子碎、大米、瘦肉末同煮。

3 煮至粥熟即可盛出，晾温后喂宝宝。

缓解腹胀、腹泻

蛋白质 维生素

西施豆腐

虾仁和豆腐都含有丰富的蛋白质、氨基酸、维生素、钙等营养成分，其中的钙质可帮助宝宝的骨骼、牙齿健康生长。

准备： 5 分钟 **烹饪：** 30 分钟

辅食次数： 1 天 1 次

1 次吃多少： 40 克

原料： 虾仁 2 只，豆腐丁、香菇丁各 20 克，豌豆、竹笋丁、香葱末各适量。

做法：

1 虾仁去虾线，洗净，切丁；竹笋丁、香菇丁分别焯水。

2 锅中加水煮沸，放豆腐丁、香菇丁、虾仁丁、竹笋丁、豌豆煮熟，撒上香葱末即可。

帮助骨骼、牙齿生长

蛋白质 钙

牛腩面

牛腩含有丰富的优质蛋白质，能够增强宝宝的体能，而且牛腩含铁，所以牛腩面是给宝宝补血、强壮身体的好辅食。

准备： 5 分钟 **烹饪：** 30 分钟

辅食次数： 1 天 2 次

1 次吃多少： 40 克

原料： 儿童面条 40 克，牛腩 30 克，牛肉汤各适量。

做法：

1 将儿童面条煮熟，捞出备用。

2 牛腩洗净，切小颗粒。

3 将牛肉汤煮开，加牛腩粒煮熟，浇在煮熟的面条上即可。

补血，强壮身体

蛋白质 铁

丝瓜火腿汤

丝瓜是夏秋季节人们爱吃的蔬菜，含有蛋白质、膳食纤维、钙、磷、铁以及B族维生素、维生素C，可促进宝宝牙齿和骨骼的生长。

准备：5 分钟 烹饪：15 分钟

辅食次数：1天1次

1次吃多少：40克

原料：特级火腿15克，丝瓜半根。

做法：

1 丝瓜洗净，削皮，切块；火腿切片。

2 油锅加热，下丝瓜稍炒片刻，加入水煮沸，继续煮约3分钟，下火腿片略煮即可。

促进骨骼发育

蛋白质 钙 磷

丝瓜汁水丰富，其中富含水溶性营养物质，宜现切现做。

西红柿炒鸡蛋

西红柿炒鸡蛋营养丰富，制作简便。西红柿富含多种维生素以及矿物质，而鸡蛋富含蛋白质、钙、锌等营养，被称作“黄金食物”。

准备： 5 分钟 **烹饪：** 20 分钟

辅食次数： 1 天 1 次

1 次吃多少： 40 克

原料： 鸡蛋黄 1 个，西红柿 1 个。

做法：

1 将西红柿洗净，用开水烫一下，去皮切丁；蛋黄打散备用。

2 油锅烧热，倒入蛋黄液，凝固后翻炒成小块，放入西红柿丁翻炒，出汤后收汁即可。

促进身体发育

维生素 蛋白质 锌

蔬菜虾蓉饭

多种蔬菜和虾肉与米饭的结合，会给宝宝带来好胃口，在享受着美味食物的同时，补充维生素、钙、膳食纤维、锌等营养成分。

准备： 5 分钟 **烹饪：** 20 分钟

辅食次数： 1 天 1 次

1 次吃多少： 40 克

原料： 鲜虾 3 只，西红柿丁、芹菜丁、香菇丁各 15 克，软米饭 1 碗。

做法：

1 鲜虾去壳、去虾线，洗净剁成虾蓉后蒸熟。

2 把所有蔬菜丁加水煮熟，与虾蓉一起浇在煮好的软米饭上即可。

提升食欲，补充营养

维生素 钙

鸡蓉豆腐球

鸡肉富含动物蛋白，豆腐含有植物蛋白，两者搭配对蛋白质补充和吸收大有裨益，可促进宝宝各器官正常发育。

准备： 5 分钟 **烹饪：** 30 分钟

辅食次数： 1 天 1 次

1 次吃多少： 40 克

原料： 鸡腿肉 30 克，豆腐 50 克，胡萝卜末适量。

做法：

1 鸡腿肉、豆腐洗净剁泥，与胡萝卜末搅拌均匀。

2 将混合泥捏成小球，放沸水锅中蒸 20 分钟，食用时分成方便宝宝进食的大小。

促进器官正常发育

钙

土豆饼

香喷喷的土豆饼拿在手上，宝宝会胃口大开。添加了西蓝花和配方奶的土豆饼营养更加全面，为宝宝增添体能和活力。

准备： 5 分钟 **烹饪：** 30 分钟

辅食次数： 1 天 1 次

1 次吃多少： 40 克

原料： 土豆、西蓝花各 20 克，面粉 40 克，配方奶 50 毫升。

做法：

1 土豆去皮，切丝；西蓝花洗净，切碎；将土豆丝、西蓝花碎、面粉、配方奶搅匀。

2 将面糊倒入煎锅中，煎成饼，食用时切小块即可。

补体能，添活力

维生素 碳水化合物

鸡蛋胡萝卜磨牙棒

自制磨牙棒既健康又营养，胡萝卜富含的胡萝卜素对宝宝视力发育、骨骼生长有益，蛋黄中的铁、卵磷脂促进宝宝大脑发育。

准备： 5 分钟 **烹饪：** 30 分钟

辅食次数： 1 天 2 次

1 次吃多少： 20 克

原料： 面粉 50 克，胡萝卜半根，蛋黄液适量。

做法：

1 胡萝卜洗净，蒸熟压成泥。

2 蛋黄液、面粉、胡萝卜泥、水混合揉成面团。

3 面团擀成 0.5 厘米厚的长方形面饼，切条，放入烤箱烤至微黄即可。

锻炼咀嚼，保护视力

卵磷脂  铁 胡萝卜素

红薯干

红薯干简单易做，作为磨牙棒食用，既富含营养又纯天然，咬起来软中带硬，有嚼劲，宝宝吃了能促进长牙，还能预防便秘。

准备： 5 分钟 **烹饪：** 30 分钟

辅食次数： 1 天 1 次

1 次吃多少： 20 克

原料： 红薯 1 个。

做法：

1 将红薯去皮，切成粗条状。

2 将切好的红薯条上锅蒸熟，晒干即可。

促进长牙，预防便秘

磷  钾 烟酸

鳝鱼粥

鳝鱼富含DHA和卵磷脂，它是构成人体细胞膜的主要成分，而且是脑细胞不可缺少的营养成分，可以提高宝宝的记忆力。

准备： 5 分钟 **烹饪：** 30 分钟

辅食次数： 1天1次

1次吃多少： 20克

原料： 大米30克，薏米10克，鳝鱼、山药各20克。

做法：

1 将鳝鱼去骨、去内脏，洗净切段；大米、薏米洗净；山药去皮，洗净，切块。

2 锅内放入适量水，煮开后放入鳝鱼段、大米、薏米、山药块，煮至粥熟即可。

促进脑细胞发育

DHA 卵磷脂

西红柿肉末面

西红柿酸甜可口，能刺激宝宝的味蕾，让他喜欢上吃饭。西红柿肉末面富含维生素C、蛋白质、碳水化合物等营养物质。

准备： 5 分钟 **烹饪：** 30 分钟

辅食次数： 1天2次

1次吃多少： 40克

原料： 儿童面条30克，猪瘦肉末10克，西红柿丁适量。

做法：

1 油锅烧热，放西红柿丁稍炒，再放猪瘦肉末，炒至变色，加水略煮。

2 另起一锅，放入儿童面条和适量水，煮至儿童面条熟透，盛入碗中，浇上西红柿肉末汤汁即可。

刺激味蕾，补充体能

蛋白质 维生素C

苦瓜粥

苦瓜粥富含蛋白质、膳食纤维、维生素C、苦瓜苷、磷、铁等，不仅能清火、增强宝宝的食欲，还能提高宝宝的免疫力。

准备： 1 小时 **烹饪：** 30 分钟

辅食次数： 1天1次

1次吃多少： 40克

原料： 大米30克，苦瓜20克。

做法：

1 苦瓜洗净后去瓤，切成丁；大米淘洗干净，浸泡1小时。

2 先将大米放入锅中加水煮沸，再放苦瓜丁，煮至粥稠即可。

清火，增强免疫力

蛋白质 维生素C 苦瓜苷

土豆柠檬羹

土豆含有特殊的黏蛋白，不但有润肠作用，还能促进脂类代谢作用，铁和磷的含量也很高。柠檬味酸，可以开胃生津。

准备： 5 分钟 **烹饪：** 30 分钟

辅食次数： 1天1次

1次吃多少： 40克

原料： 土豆半个，鸡蛋黄1个，柠檬汁适量。

做法：

1 将土豆洗净，去皮，切成丁，放入开水中煮熟盛出。

2 在锅中加入适量水，放入土豆丁，加入柠檬汁，待汤烧沸。

3 将鸡蛋黄打入碗中调匀，慢慢倒入锅中，略煮即可。

润肠，开胃生津

铁　黏蛋白

虾仁丸子汤

虾中蛋白质含量丰富，还含有丰富的钾、碘、镁、磷等矿物质，配上肉丸和小白菜，口感更加丰富，对肠胃弱的宝宝是一道很好的辅食。

准备： 5 分钟 **烹饪：** 40 分钟

辅食次数： 1天1次

1次吃多少： 40克

原料： 鲜虾5只，肉末50克，胡萝卜、小白菜段各10克，香菜叶适量。

做法：

1 鲜虾去头，去虾线，洗净；胡萝卜洗净切成末；将肉末、胡萝卜末放入碗中搅匀，做成丸子。

2 锅内加水煮沸，放入丸子、鲜虾煮15分钟，放小白菜段稍煮，出锅前撒上香菜叶即可。

滋补肠胃

蛋白质　矿物质

清蒸鲈鱼

鲈鱼富含蛋白质、DHA、钙、镁、锌、硒等营养元素，具有补肝肾、益脾胃、化痰止咳之效，对肝肾不足的宝宝有很好的补益作用。

准备： 10 分钟 **烹饪：** 15 分钟

辅食次数： 1天2次

1次吃多少： 40克

原料： 鲈鱼1条，葱花、姜末各适量。

做法：

1 鲈鱼去鳞，去鳃，去内脏，洗净后在鱼身两面划上刀花，放入蒸盘中。

2 在鱼身上撒上葱花、姜末，水开后上锅蒸8分钟左右即可。

补肝肾，益智

蛋白质　镁　钙

第 7 章

11~12 个月：尝尝小水饺

快满 1 周岁了，宝宝活动量比较大，这就需要爸爸妈妈给他提供丰富多样且高营养的食物，来满足宝宝身体发育的需要。小小的水饺将各类食材集于一身，让宝宝一口就能吃到不同的美味，获得充足的营养。

11~12 个月宝宝的身体发育和营养补充

慢慢地看着宝宝长大，到了 1 周岁，从一年前那个小肉团到现在的小大人，变化可真大呀！现在他会清晰地叫“爸爸”或者“妈妈”，伸出双手要抱抱，或者索要玩具；看到小狗会指点着说“汪汪”，看到小猫会学猫叫……

12 个月宝宝会这些

- 能够区分颜色，会指认出你告诉他的某种颜色的玩具。
- 喜欢听节奏感强的音乐，能够跟随音乐做出有节奏的动作。
- 运动能力进一步提高，可以推着小车行走，能捏起比较小的东西。
- 能用简单的词表达自己的意思，“饭”可能是指“我要吃东西”。
- 喜欢模仿动作，会挥手表示再见，会双手抱拳表示拜年。
- 愿意亲近小朋友，并且有意识地讨大人喜欢。

体重

- 12个月时，男宝宝的体重平均为10.05千克。
- 12个月时，女宝宝的体重平均为9.40千克。

身高

- 12个月时，男宝宝的身高平均为76.5厘米。
- 12个月时，女宝宝的身高平均为75.0厘米。

营养补充

- 白开水是最好的饮料，鼓励宝宝多喝白开水。
- 注意碳水化合物的补充，宝宝练习走路时需要消耗大量体力，需要及时补充。
- 要继续保证维生素A、硒等营养素的摄入，以提高宝宝的免疫力，为顺利断奶做准备。
- 增加固体食物，要占宝宝食物的50%。
- 辅食花样翻新，预防宝宝偏食。
- 适量补硒，有助于提高宝宝的免疫力。
- 让宝宝和大人一起吃饭。
- 宝宝的胃容量比较小，但宝宝身体所需要的营养却相对较丰富，因此可采取少食多餐的方法保证宝宝一天的营养均衡。

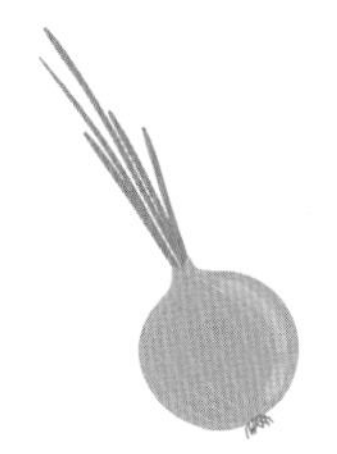

吃得好，睡得好

这段时期宝宝每天有12~14个小时在睡觉，晚上睡觉前要让宝宝喝足奶，让宝宝睡个好觉。即将断奶的宝宝要增加辅食的数量和种类，即使是断奶后仍然要喝配方奶。

宝宝最爱吃的辅食餐

宝宝 12 个月的时候就可以吃全蛋了，每天吃 1 个就可以。辅食制作要花样翻新，以防宝宝偏食，妈妈可以将包子、饺子、蛋饼等稍软的固体食物给宝宝吃。宝宝不爱吃的蔬菜，可以切碎做成饺子馅，以保证宝宝摄入各种营养成分。

玉米鸡丝粥

玉米含有较多的谷氨酸和膳食纤维，不仅有健脑的功效，能让宝宝更聪明，还有刺激胃肠蠕动、防治宝宝便秘的作用。

将大米、玉米放在水里浸泡 10 分钟，煮出来的粥更软糯。

准备：5 分钟 烹饪：20 分钟

辅食次数：1 天 2 次

1 次吃多少：50 克

原料：鸡肉、玉米粒各20克，大米30克，芹菜适量。

做法：

1 大米淘洗干净，加水煮成粥；芹菜洗净切丁。

2 鸡肉切丝，放入粥内同煮。

3 粥熟时，加入玉米粒和芹菜丁，稍煮片刻。

提升智力，防治便秘

宝宝不同月龄这样添加

4~5 个月
（玉米汁）

6~9 个月
（玉米糊）

10~12 个月
（玉米粒）

鲜汤小饺子

白菜含膳食纤维，可帮助消化。肉末可提供优质蛋白质和脂肪酸，还可以提供血红素铁和促进铁吸收的半胱氨酸，改善缺铁性贫血。

准备： 5 分钟 **烹饪：** 20 分钟

辅食次数： 1 天 1 次

1 次吃多少： 5 个

原料： 白菜 30 克，鸡蛋黄 1 个，猪瘦肉末 50 克，饺子皮 10 张，排骨汤适量。

做法：

1 白菜洗净剁碎，用纱布挤出部分水分；蛋黄打散炒熟。

2 将白菜末、熟蛋黄与猪瘦肉末混合做成馅；用饺子皮包成小饺子。

3 排骨汤煮沸，下饺子煮熟即可。

助消化，促进铁吸收

时蔬浓汤

时蔬浓汤食材多样，味道丰富，颜色搭配也很漂亮，能增强宝宝的食欲。西红柿所含的维生素 C 可促进宝宝的生长，调整胃肠功能。

准备： 5 分钟 **烹饪：** 20 分钟

辅食次数： 1 天 2 次

1 次吃多少： 50 克

原料： 黄豆芽 30 克，西红柿 1 个，土豆 20 克，鸡汤适量。

做法：

1 黄豆芽洗净，切段；土豆、西红柿分别洗净、去皮，切丁。

2 锅中加入鸡汤和水煮沸后放入所有蔬菜，大火煮沸后，转小火熬至浓稠即可。

提升食欲，促生长

五色紫菜汤

五色紫菜汤具有高蛋白、高维生素、低糖、低脂的特点，有助于增强机体的免疫功能，提高防病抗病能力。

准备： 5 分钟 **烹饪：** 20 分钟

辅食次数： 1 天 1 次

1 次吃多少： 50 克

原料： 豆腐 50 克，竹笋 10 克，菠菜 20 克，鲜香菇 2 朵，紫菜片适量。

做法：

1 豆腐洗净，切块。

2 鲜香菇、竹笋洗净，焯水，切丝；菠菜洗净，焯水，切小段。

3 另取一锅加水煮沸，下所有原料，煮熟即可。

增强免疫力

排骨白菜汤

排骨富含优质蛋白质、维生素、碳水化合物及钙、磷、钾等矿物质。白菜含丰富的胡萝卜素、维生素 B_1、维生素 C、膳食纤维等。

准备： 5 分钟 **烹饪：** 1 小时

辅食次数： 1 天 1 次

1 次吃多少： 50 克

原料： 排骨 100 克，白菜 50 克，香菜段适量。

做法：

1. 排骨洗净，汆水去浮沫；白菜洗净，切丝。
2. 锅中放适量水，加排骨，煮沸后转小火炖至熟烂，放白菜丝略煮，出锅前撒上香菜段即可。

促进生长发育

蛋白质 维生素

什锦烩饭

什锦烩饭营养均衡，富含碳水化合物、蛋白质、矿物质以及多种氨基酸和维生素，可以提高身体免疫力，还能促进牙齿和骨骼生长。

准备： 5 分钟 **烹饪：** 20 分钟

辅食次数： 1 天 1 次

1 次吃多少： 50 克

原料： 牛肉 20 克，大米 50 克，熟蛋黄 1 个，胡萝卜、土豆、青豆各适量。

做法：

1. 将牛肉洗净切碎；胡萝卜、土豆削皮洗净切碎；青豆洗净；大米淘净。
2. 将大米、牛肉碎和青豆、胡萝卜碎、土豆碎放入锅中加水焖熟，加熟蛋黄搅拌均匀即可。

均衡营养，提高免疫力

蛋白质 矿物质

海鲜炒饭

海鲜炒饭含有碘、铁、钙、蛋白质、维生素 B_1、烟酸等宝宝所需要的营养成分，味道又特别鲜美，宝宝会很爱吃。

准备： 15 分钟 **烹饪：** 10 分钟

辅食次数： 1 天 1 次

1 次吃多少： 50 克

原料： 米饭 50 克，虾仁 5 个，墨鱼仔 1 只，干贝碎 10 克，蛋黄液适量。

做法：

1. 虾仁去虾线洗净；墨鱼仔洗净，切丁；蛋黄液煎成蛋皮，切丝。
2. 油锅烧热，将墨鱼丁、干贝碎、虾仁、蛋皮丝拌炒，加米饭炒匀即可。

全面补充营养

蛋白质

丸子面

丸子面不仅含有丰富的蛋白质和钙、磷、铁等矿物质，还含有多种维生素和微量元素，能提高宝宝的免疫力，维持体内酸碱平衡。

准备： 5 分钟 **烹饪：** 20 分钟

辅食次数： 1天1次

1次吃多少： 50克

原料： 儿童面条50克，猪瘦肉末50克，木耳碎、黄瓜片各适量。

做法：

1 猪瘦肉末加水朝一个方向搅成泥状，挤成肉丸。

2 将儿童面条煮熟，捞出备用；将肉丸、木耳碎、黄瓜片放入沸水中煮熟，放入面中即可。

维持体内酸碱平衡

玉米肉末炒面

炒面里加入肉末、玉米粒，在为宝宝提供丰富的碳水化合物的同时，为宝宝补充蛋白质、膳食纤维，防便秘，为成长助力。

准备： 5 分钟 **烹饪：** 20 分钟

辅食次数： 1天1次

1次吃多少： 50克

原料： 儿童面条50克，猪瘦肉末30克，玉米粒20克，洋葱粒适量。

做法：

1 将玉米粒、儿童面条分别煮熟。

2 油锅烧热，放猪瘦肉末、玉米粒，翻炒片刻，盛出。

3 烧热锅内余油，放煮好的面条、玉米粒、猪瘦肉末、洋葱粒翻炒均匀即可。

防便秘，为成长助力

油菜肉末煨面

油菜肉末煨面荤素搭配，香菇特有的香气会让宝宝爱上吃饭，清香可口的面条易消化吸收，有利于滋补肠胃，补充营养。

准备： 5 分钟 **烹饪：** 20 分钟

辅食次数： 1天2次

1次吃多少： 50克

原料： 儿童面条50克，猪瘦肉末30克，油菜20克，鲜香菇2朵。

做法：

1 油菜洗净切成小段；鲜香菇洗净切片。

2 锅中加适量水煮沸，加猪瘦肉末、香菇片、油菜段煮熟后，下入儿童面条煮熟即可。

提胃口，养肠胃

鲅鱼馄饨

鲅鱼肉质细腻、味道鲜美、营养丰富，含丰富的蛋白质、维生素A、矿物质、DHA等营养物质，多吃鱼有助于大脑发育，宝宝会更聪明。

准备： 5 分钟 **烹饪：** 30 分钟

辅食次数： 1天1次

1次吃多少： 5个

原料： 鲅鱼肉50克，馄饨皮10张，小白菜1棵，香菜适量。

做法：

1 将鲅鱼肉洗净去刺，剁成泥；小白菜、香菜分别洗净切碎；将鱼泥、小白菜碎混合做成馅，包入馄饨皮中。

2 锅内加水，煮沸后放入馄饨煮熟，撒上香菜碎即可。

促进脑力发育

矿物质

素菜包

素菜包面皮松软，菜馅鲜美，非常适合宝宝食用。素菜包中的蔬菜可提供丰富的维生素C和B族维生素，为宝宝的健康成长护航。

准备： 5 分钟 **烹饪：** 30 分钟

辅食次数： 1天1次

1次吃多少： 1个

原料： 小白菜50克，鲜香菇、豆腐干各20克，包子皮、香油各适量。

做法：

1 小白菜洗净，焯烫、切碎，挤去水分；将鲜香菇、豆腐干洗净，切碎，加小白菜碎、香油拌成馅。

2 包子皮包上馅，制成包子，大火蒸熟即可。

为健康成长护航

南瓜饼

南瓜肉质绵软，味道香甜，适合做成南瓜饼，能为宝宝补充胡萝卜素，促进视力发育，其富含的膳食纤维还有助于宝宝正常排便。

准备： 5 分钟 **烹饪：** 40 分钟

辅食次数： 1天2次

1次吃多少： 1个

原料： 南瓜50克，糯米粉100克。

做法：

1 南瓜去皮，去子，洗净，蒸熟，用搅拌机搅打成泥，加糯米粉和成面团。

2 把面团分成几小份，分别做成饼坯；将饼坯擀压成心形饼状，上锅蒸20分钟即可。

促进视力发育，预防便秘

胡萝卜素 膳食纤维

蒸鱼丸

鲅鱼肉富含蛋白质和DHA，能促进宝宝智力发育，与蔬菜、排骨汤相搭配，补充维生素、钙等营养，让宝宝的营养吸收更均衡。

准备： 5 分钟 **烹饪：** 30 分钟

辅食次数： 1天2次

1次吃多少： 3个

原料： 鲅鱼肉50克，胡萝卜碎、扁豆碎、排骨汤、水淀粉各适量。

做法：

1 鲅鱼肉去刺洗净，剁成鱼蓉，加水淀粉拌匀，做成鱼丸。

2 鱼丸上锅蒸熟；将胡萝卜碎、扁豆碎放排骨汤中煮软烂，加水淀粉勾芡，浇在鱼丸上即可。

促进智力发育

蛋白质 DHA

肉松饭团

海苔是一种天然海藻食物，营养价值非常高，能增强免疫力，做成饭团，宝宝更爱吃，而且能锻炼宝宝的咀嚼和吞咽能力，帮助长牙。

准备： 5 分钟 **烹饪：** 30 分钟

辅食次数： 1天2次

1次吃多少： 2个

原料： 软米饭1碗，猪肉松20克，海苔2片。

做法：

1 将猪肉松包入软米饭中，揉搓成饭团。

2 海苔搓碎，放在小碗中，然后放入饭团滚几下即可。

锻炼咀嚼和吞咽能力

蛋白质 钙 磷

三味蒸蛋

三味蒸蛋富含蛋白质、胡萝卜素、钙、磷等多种对人体有益的微量元素，可以促进宝宝骨骼和牙齿生长，是宝宝补钙的理想食物。

准备： 5 分钟 **烹饪：** 20 分钟

辅食次数： 1天1次

1次吃多少： 50克

原料： 鸡蛋1个，豆腐30克，土豆、胡萝卜各半个。

做法：

1 豆腐、土豆蒸熟，压成泥；胡萝卜洗净榨汁；鸡蛋打散。

2 将准备好的所有原料倒入蛋液中搅匀；上锅蒸10~15分钟即可。

促进骨骼、牙齿发育

蛋白质 钙

紫菜鸡蛋汤

紫菜富含胆碱和钙、铁，能增强记忆，治疗宝宝贫血；促进骨骼、牙齿的生长。紫菜与鸡蛋做汤，可以提高宝宝的身体免疫力。

准备：5 分钟 **烹饪：**5 分钟

辅食次数：1 天 1 次

1 次吃多少：50 克

原料：紫菜 10 克，鸡蛋 1 个，香菜叶适量。

做法：

1 紫菜洗净，撕碎；鸡蛋打散。

2 锅内加水煮沸后，下紫菜碎，煮 2 分钟，淋入蛋液煮熟，撒入香菜叶即可盛出，晾温喂宝宝就可以了。

增强记忆，预防贫血

胆碱 钙 铁

虾皮鸡蛋羹

虾皮鸡蛋羹壮筋骨，增加钙、磷及维生素 D 的补充，增加宝宝对钙、磷等常量元素的吸收，从而预防小儿佝偻病。

准备：5 分钟 **烹饪：**20 分钟

辅食次数：1 天 2 次

1 次吃多少：50 克

原料：鸡蛋 1 个，小白菜 1 棵，虾皮、香油各适量。

做法：

1 温水泡软虾皮，切碎；小白菜洗净焯水，切碎。

2 将虾皮、小白菜碎、打散的蛋液、适量温开水混合打匀。

3 上锅蒸熟，淋上香油即可。

预防小儿佝偻病

维生素 D 钙 磷

豆腐瘦肉羹

豆腐瘦肉羹营养丰富，是获得优质蛋白质、B 族维生素和矿物质、磷脂的良好来源。豆腐有很好的健脑益智的作用。

准备：5 分钟 **烹饪：**20 分钟

辅食次数：1 天 1 次

1 次吃多少：50 克

原料：豆腐 50 克，猪瘦肉末 30 克，青菜、水淀粉适量。

做法：

1 豆腐切丁；猪瘦肉末炒熟；青菜洗净切碎。

2 锅中放水，煮沸后放豆腐丁、猪瘦肉末、青菜碎煮熟，用水淀粉勾芡即可。

健脑益智，补充营养

蛋白质 矿物质 磷脂

虾仁菜花

虾营养丰富，且其肉质松软，易消化，其富含的镁对宝宝心脏发育有益。菜花富含维生素C，可以提高宝宝的抗病能力。

准备：5 分钟 烹饪：20 分钟

辅食次数：1 天 2 次

1 次吃多少：50 克

原料：菜花 60 克，虾仁 6 只，橄榄油适量。

做法：

1 菜花洗净掰小朵；虾仁去虾线，洗净，切小块。

2 锅中加水，水沸后滴入橄榄油，放入菜花，将菜花煮软，再放入虾仁块煮熟即可。

帮助心脏发育

锌 镁

对海产品过敏的宝宝慎食。

宝宝不同月龄这样添加

4~5 个月	6 个月	7~9 个月	10 个月以后
（菜花汁）	（菜花泥）	（菜花碎）	（菜花朵）

蛤蜊蒸蛋

蛤蜊含有蛋白质、碳水化合物、锌、铁、钙、磷、碘、维生素、氨基酸和牛磺酸等多种成分，有助于提高宝宝记忆力，促进宝宝的生长发育。

准备： 5 分钟 **烹饪：** 20 分钟

辅食次数： 1 天 1 次

1 次吃多少： 50 克

原料： 蛤蜊5个，虾仁2个，鸡蛋1个，平菇3朵。

做法：

1. 蛤蜊用盐水浸泡，待其吐净泥沙，放入沸水中烫至蛤蜊张开，取肉；虾仁、平菇洗净切丁。
2. 鸡蛋打散，将蛤蜊肉、虾仁丁、平菇丁放入鸡蛋液中拌匀，隔水蒸 15 分钟即可。

提高记忆力

蛋花粥

小米养胃开胃，宝宝食欲不好时，可以做一碗蛋花粥，既能提升食欲，还能补充足量的 B 族维生素和蛋白质等，帮助宝宝成长。

准备： 1 小时 **烹饪：** 20 分钟

辅食次数： 1 天 1 次

1 次吃多少： 50 克

原料： 小米 30 克，鸡蛋 1 个，配方奶适量。

做法：

1. 小米洗净，泡 1 小时；鸡蛋打散，备用。
2. 小米加水煮开，加配方奶煮至米粒熟烂时，倒入鸡蛋液，搅拌均匀，煮熟即可。

健脾胃，补充能量

鹌鹑蛋排骨粥

鹌鹑蛋是非常营养而且又天然的补脑丸，对宝宝的大脑发育非常有益，排骨富含的蛋白质可以为宝宝补充体能，促进发育。

准备： 5 分钟 **烹饪：** 1 小时

辅食次数： 1 天 2 次

1 次吃多少： 50 克

原料： 大米、排骨各 50 克，熟鹌鹑蛋 2 个。

做法：

1. 排骨洗净斩段，汆水去血沫，煮熟后放凉，剔骨取肉切碎；熟鹌鹑蛋去壳，切块。
2. 大米加水煮粥，半熟时，放碎排骨肉及鹌鹑蛋块，煮熟即可。

促进大脑发育，补充体能

西红柿烩肉饭

西红柿富含维生素C，其酸酸甜甜的味道，让宝宝对烩肉饭有了极大的兴趣，可以为宝宝提供足够的热量，增强体能。

准备： 5 分钟 **烹饪：** 20 分钟

辅食次数： 1天1次

1次吃多少： 50克

原料： 米饭50克，鸡腿肉末、西红柿丁各20克，胡萝卜丁、青椒丁各10克，鸡汤适量。

做法：

1 油锅烧热，依次放入鸡腿肉末、西红柿丁、胡萝卜丁、青椒丁、米饭翻炒。

2 加入鸡汤，煮片刻即可。

提供热量，增强体能

碳水化合物

虾仁蛋炒饭

虾仁蛋炒饭含有蛋白质、胡萝卜素、维生素B_1、烟酸、维生素C及钙、铁等营养成分，可以提供人体所需的营养、热量，容易消化吸收。

准备： 5 分钟 **烹饪：** 30 分钟

辅食次数： 1天1次

1次吃多少： 50克

原料： 米饭50克，鸡蛋1个，鲜香菇2朵，虾仁5只，胡萝卜块适量。

做法：

1 鸡蛋打散倒入米饭中拌匀；鲜香菇洗净，切丁；虾仁去虾线洗净切丁。

2 油锅烧热，放米饭炒至米粒松散，放虾仁丁、胡萝卜块、香菇丁，炒熟即可。

补充身体发育所需营养

蛋白质

五彩肉蔬饭

五彩肉蔬饭把多种食材放在一起，可以补充多种营养成分，而且多种颜色搭配，也更能引起宝宝的食欲。

准备： 5 分钟 **烹饪：** 30 分钟

辅食次数： 1天2次

1次吃多少： 50克

原料： 大米50克，鸡胸肉丁、胡萝卜丁、香菇丁、青豆各20克。

做法：

1 大米、青豆洗净。

2 将大米、青豆、鸡胸肉丁、胡萝卜丁、香菇丁放入电饭煲内，加水蒸熟即可。

补充多种营养成分

鸡肉蛋卷

鸡肉中蛋白质的含量较高，可增强体力、强壮身体。鸡蛋中含有卵磷脂、氨基酸，可以促进宝宝大脑神经系统与脑容积的增长、发育。

准备： 5 分钟 **烹饪：** 30 分钟

辅食次数： 1 天 2 次

1 次吃多少： 1 个

原料： 鸡蛋 1 个，鸡腿肉 50 克，面粉 60 克，盐适量。

做法：

1 鸡腿肉洗净，剁成泥，加盐拌匀；鸡蛋打散，加面粉、水搅成面糊。

2 油锅烧热，倒入面糊，摊成饼，饼上加入鸡肉泥卷成卷，蒸熟即可。

补充体能，促进脑发育

蛋白质 卵磷脂

肉丁西蓝花

西蓝花质地细嫩，味甘鲜美，食后极易消化吸收，其嫩茎纤维烹炒后柔嫩可口，尤其适宜于脾胃虚弱、消化功能不强的宝宝食用。

准备： 5 分钟 **烹饪：** 30 分钟

辅食次数： 1 天 1 次

1 次吃多少： 50 克

原料： 西蓝花 100 克，猪瘦肉 50 克。

做法：

1 猪瘦肉切丁；西蓝花洗净，掰成小朵，焯烫后捞出。

2 油锅置火上，五成热时放入肉丁翻炒，快炒熟时，下西蓝花略炒，炒熟即可。

促消化，养脾胃

蛋白质 维生素 K

干贝瘦肉粥

干贝含有丰富的谷氨酸钠，味道极鲜美，会刺激宝宝的味蕾，提升食欲。干贝瘦肉粥富含蛋白质、维生素 A、钙、钾、铁、镁、硒等营养物质。

准备： 2 小时 **烹饪：** 30 分钟

辅食次数： 1 天 1 次

1 次吃多少： 50 克

原料： 大米 50 克，猪瘦肉末 20 克，干贝 10 克。

做法：

1 干贝洗净，温水泡 2 小时，切丁；大米洗净。

2 锅置火上，放入大米、干贝、猪瘦肉末，加适量水煮沸，转小火煮至粥熟即可。

刺激食欲，补充营养

蛋白质 矿物质

鱼蛋饼

鱼肉是促进宝宝大脑发育的极好的食材，妈妈可以经常给宝宝吃鱼，蘸着番茄酱吃鱼蛋饼，美味可口，又能补充生长所需的营养素。

准备： 5 分钟 **烹饪：** 30 分钟

辅食次数： 1天1次

1次吃多少： 50克

原料： 鳕鱼肉75克，鸡蛋1个，番茄酱适量。

做法：

1 鳕鱼肉蒸熟压碎；鸡蛋打散加入鱼肉碎搅拌均匀。

2 油锅烧热，倒入鱼肉蛋液呈圆饼状，煎至两面金黄，盛盘切块，淋入番茄酱即可。

健脑益智，促进发育

蛋白质 卵磷脂 DHA

草莓蛋饼

草莓色泽鲜红，会让宝宝很喜欢，而且草莓富含铁、维生素C，能帮助宝宝补血，鸡蛋中的卵磷脂能促进宝宝大脑发育。

准备： 5 分钟 **烹饪：** 30 分钟

辅食次数： 1天2次

1次吃多少： 2个

原料： 草莓5个，鸡蛋1个，面粉适量。

做法：

1 将鸡蛋打散，加水和面粉调成糊；草莓洗净，切粒。

2 油锅烧热，倒入面糊，摊成蛋饼。

3 将蛋饼切条，卷成卷，草莓粒放在蛋饼卷上即可。

补血，促进脑部发育

虾皮白菜包

虾皮中钙的含量非常高，有助于促进宝宝的骨骼发育和牙齿生长，而且虾皮和白菜搭配，味道特别鲜美，会让宝宝胃口大开。

准备： 5 分钟 **烹饪：** 30 分钟

辅食次数： 1天1次

1次吃多少： 1个

原料： 白菜50克，鸡蛋1个，包子皮、虾皮各适量。

做法：

1 鸡蛋打散；油锅烧热，放入虾皮炒香，再将鸡蛋液倒入搅碎炒熟。

2 白菜洗净切末，挤出水分，放入虾皮鸡蛋中翻炒，制成包子馅。

3 将馅料包入面皮中，上笼屉蒸熟即可。

帮助骨骼发育、牙齿生长

维生素 钙

第 8 章

1~1.5 岁：软烂食物都能吃

此时的宝宝对辅食的兴趣越来越浓厚了，除了辛辣刺激的食物和容易过敏的食物，其他的软烂食物宝宝都能吃了。同时，宝宝对饮食的口味有了自己的偏好，有些宝宝会出现偏食，妈妈要注意给予正确的引导，帮助宝宝养成良好的饮食习惯。

1~1.5 岁宝宝的身体发育和营养补充

1.5 岁的宝宝，大多学会走路了，有些已经能够踉跄地跑几步了。他有太多东西需要去探索，将开着的电视机关闭，把家里的杂物翻个遍，不知疲倦地爬楼梯……你会发现这个小家伙总是充满活力和好奇心。

1.5 岁宝宝会这些

- 视力可达 0.4，能看见小虫子，可注视 3 米远的小玩具。
- 能听懂简单的语言了，会听你的指令帮你拿需要的物品。
- 能用语言表达自己的需要，会说“水”、“走”等，还会说“不要”。
- 会区别简单的形状，能够识别自己的五官，知道什么是“圆”“三角”等。
- 运动能力增强，能熟练地爬上床，知道利用椅子够拿不到的东西。
- 宝宝有大小便会主动跟家长说。

体重

- 1.5 岁时，男宝宝的体重平均为 11.29 千克。
- 1.5 岁时，女宝宝的体重平均为 10.65 千克。

身高

- 1.5 岁时，男宝宝的身高平均为 82.7 厘米。
- 1.5 岁时，女宝宝的身高平均为 81.5 厘米。

营养补充

- 适当摄入脂肪，为好动的宝宝提供充足的热量。
- 每天需要补充适量的蛋白质、脂肪、碳水化合物以及维生素、矿物质等。
- 少吃冷饮、快餐，呵护宝宝脾胃健康。
- 不必追求每餐都营养均衡，一周内的食材只要足够丰富多样就能满足宝宝的需求。
- 边吃边玩的习惯要纠正，制定吃饭的规矩有利于培养宝宝独立进餐的习惯。
- 宝宝不爱吃饭或吃得少可适当加餐，加餐食物可弥补宝宝所需的营养。
- 对于一些宝宝不喜欢吃的食物，妈妈可以将它们切碎，和宝宝喜欢吃的食物混在一起。
- 不要盲目给宝宝补充人工营养素。

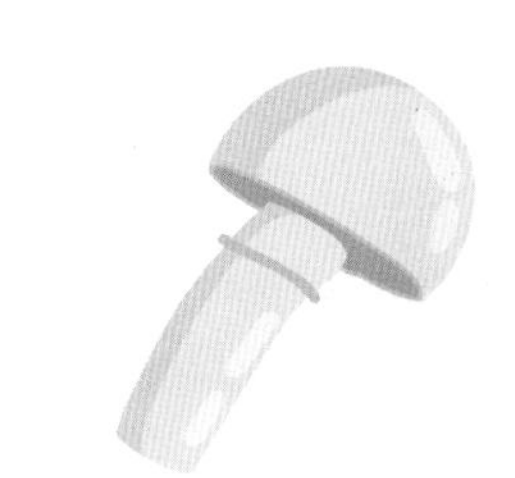

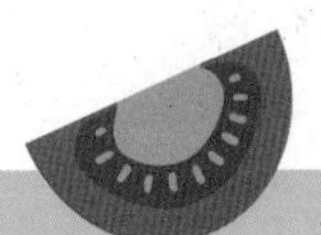

吃得好，睡得好

这段时期宝宝每天的睡眠时长在十二三个小时，晚上有时会因为憋尿醒 1 次。大部分的宝宝已经断母乳了，但还是要喝配方奶。早上的奶量可以减少，加入辅食。晚上睡前喝奶，宝宝睡得更香。

宝宝最爱吃的辅食餐

宝宝对食物更加挑剔。食欲好、食量大的宝宝，能够坐在那里吃饭，一旦吃饱了，就会到处跑。食欲不是很好、食量小的宝宝，几乎不能安静地坐在那里好好吃饭。妈妈对这样的行为要积极引导，避免养成饮食的不良习惯。

莲藕薏米排骨汤

莲藕薏米排骨汤除含蛋白质、维生素外，还含有大量磷酸钙、骨胶原等，提供人体生理活动必需的各种营养成分，尤其是丰富的钙质可维护宝宝的骨骼健康。

准备：5 分钟 烹饪：2.5 小时

辅食次数：1 天 1 次

1 次吃多少：70 克

原料：莲藕 1 段，排骨段 50 克，薏米 30 克，盐适量。

做法：

1 莲藕洗净，去皮，切薄片；薏米洗净；排骨段洗净，汆水。

2 将排骨段放入锅内，加适量的水，大火煮开后加一点醋转小火，煲 1 小时后将莲藕片、薏米全部放入，大火煮沸后，改小火煲 1 小时，加少许盐即可。

薏米性寒，不适合长期大量食用。

维护宝宝骨骼健康

磷酸钙 骨胶原

宝宝不同月龄这样添加

4~6 个月（莲藕汁） → 6~7 个月（莲藕糊） → 8~10 个月（莲藕丁） → 11 个月以后（莲藕片）

滑子菇炖肉丸

滑子菇炖肉丸营养丰富，对提高宝宝的精力和脑力大有益处。其含有的蛋白质、脂肪、碳水化合物、钙、磷、铁、维生素，易于宝宝吸收。

准备： 5 分钟 **烹饪：** 30 分钟

辅食次数： 1天1次

1次吃多少： 70克

原料： 牛肉末100克，滑子菇50克，胡萝卜片、淀粉各20克，盐、香葱末各适量。

做法：

1 滑子菇洗净，泡发；牛肉末加盐、淀粉，做成牛肉丸。

2 锅中加水，烧沸后下牛肉丸稍煮，再放滑子菇、胡萝卜片煮熟，放盐调味，撒上香葱末即可。

提高精力和脑力

蛋白质 维生素

香菇通心粉

通心粉富含碳水化合物、膳食纤维、蛋白质和矿物质，有良好的附味性，同时可改善宝宝贫血症状，增强免疫力，平衡营养吸收。

准备： 5 分钟 **烹饪：** 30 分钟

辅食次数： 1天1次

1次吃多少： 70克

原料： 通心粉50克，土豆半个，胡萝卜半根，鲜香菇2朵，盐适量。

做法：

1 土豆去皮，洗净，切丁；胡萝卜洗净，切丁；鲜香菇洗净，切片。

2 土豆丁、胡萝卜丁、香菇片分别放入锅中，加水煮熟，捞出。

3 锅中加沸水，放通心粉，加入盐，煮熟后捞出；在通心粉上逐层放上土豆丁、胡萝卜丁、香菇片即可。

平衡营养吸收

蛋白质 矿物质

五宝蔬菜

五宝蔬菜颜色搭配漂亮，能一下子吸引宝宝的注意力，从而提高食欲。五宝蔬菜营养丰富，可以促进宝宝的身体发育，提高智力水平。

准备： 5 分钟 **烹饪：** 30 分钟

辅食次数： 1天2次

1次吃多少： 70克

原料： 土豆、胡萝卜各半个，荸荠3个，木耳、干香菇各3朵，盐适量。

做法：

1 木耳、干香菇泡发切片；胡萝卜、土豆、荸荠去皮，切片。

2 油锅烧热，先炒胡萝卜片，再放入土豆片、荸荠片、香菇片、木耳翻炒至熟透，出锅时加盐调味即可。

开胃，促发育

维生素 铁

鸡肉炒藕丝

鸡肉炒藕丝除含葡萄糖、蛋白质外，还含有钙、铁、磷及多种维生素，有益血补气之效。熟藕可温补肠胃，适合肠胃娇弱的宝宝食用。

准备： 5 分钟 **烹饪：** 20 分钟

辅食次数： 1 天 1 次

1 次吃多少： 70 克

原料： 鸡胸肉、莲藕各 50 克，红椒丝、黄椒丝各 20 克，酱油适量。

做法：

1. 鸡胸肉、莲藕均洗净切丝。
2. 油锅烧热，放入红、黄椒丝，炒到有香味时，放入鸡肉丝翻炒，到将熟时加藕丝，炒透后加酱油调味即可。

益气补血，温补肠胃

蛋白质 葡萄糖

芙蓉丝瓜

鸡蛋与丝瓜同炒，有清热利湿、排毒的功效。夏日气温高，宝宝食欲不佳时，这道菜可以刺激宝宝的肠胃，帮助消化，清热解毒。

准备： 5 分钟 **烹饪：** 20 分钟

辅食次数： 1 天 1 次

1 次吃多少： 70 克

原料： 丝瓜 50 克，鸡蛋 1 个，水淀粉适量。

做法：

1. 丝瓜去皮洗净，切丁；鸡蛋加适量水，打散。
2. 油锅烧热，倒入蛋液炒至凝固。
3. 另起油锅，放丝瓜丁、炒熟的鸡蛋翻炒，用水淀粉勾芡即可。

清热解毒，帮助消化

蛋白质 维生素

香橙烩蔬菜

香橙烩蔬菜含有丰富的维生素和一定量的柠檬酸，能增强宝宝免疫力，还能补充膳食纤维，帮助宝宝排便。

准备： 5 分钟 **烹饪：** 20 分钟

辅食次数： 1 天 2 次

1 次吃多少： 70 克

原料： 油菜 30 克，鲜香菇 2 朵，金针菇 20 克，鲜榨橙汁 100 毫升。

做法：

1. 油菜、金针菇均洗净，切段；鲜香菇洗净，切丁。
2. 油锅烧热，放入油菜段、香菇丁、金针菇段翻炒片刻，倒入橙汁煮熟即可。

增强免疫力，防便秘

维生素 C

苹果圈

苹果中锌非常丰富，对宝宝的大脑发育很有好处，做成苹果圈，有了面包糠的香味，让苹果的口感更好，营养也更丰富。

准备：5分钟 **烹饪：**30分钟

辅食次数：1天2次

1次吃多少：2个

原料：苹果1个，淀粉、面粉、面包糠各适量。

做法：

1 苹果削皮后切成圆片，去果核，成圆圈状；淀粉、面粉加水调成糊。

2 油锅烧热，将苹果圈挂糊，裹上面包糠，煎至金黄即可。

促进大脑发育

维生素 锌

鸡蛋布丁

配方奶的味道是宝宝熟悉和喜爱的，加入鸡蛋做成布丁，营养更丰富，可以补充蛋白质、铁、钙、钾等多种宝宝发育所需的营养。

准备：5分钟 **烹饪：**30分钟

辅食次数：1天1次

1次吃多少：70克

原料：鸡蛋1个，配方奶80毫升。

做法：

1 鸡蛋打成蛋液。

2 把配方奶缓缓倒入鸡蛋液中拌匀，放入锅中，隔水蒸熟即可。

促进宝宝生长发育

蛋白质 钙  铁

炒红薯泥

在炒红薯里加入核桃、花生等坚果类的食物，有健脑的功效，可帮助宝宝增强记忆力。蜜枣可增加香甜的味道，但不要放太多。

准备：5分钟 **烹饪：**30分钟

辅食次数：1天1次

1次吃多少：70克

原料：红薯1个，熟核桃仁2个，熟花生仁15克，蜜枣丁、玫瑰汁各适量。

做法：

1 红薯去皮洗净，蒸熟，压泥；将核桃仁、花生仁压碎。

2 油锅烧热，放红薯泥翻炒，再放入其余食材，炒匀即可。

健脑，增强记忆力

 蛋白质  膳食纤维  不饱和脂肪酸

淡菜瘦肉粥

淡菜被称为“海中鸡蛋”，含有丰富的蛋白质、氨基酸、钙、磷、铁、锌、维生素等，可促进新陈代谢，保证大脑和身体活动的营养供给。

准备：1小时 **烹饪：**30分钟

辅食次数：1天1次

1次吃多少：70克

原料：大米50克，猪瘦肉50克，干贝、淡菜干各10克。

做法：

1 淡菜干、干贝清洗干净，用温水浸泡12小时；猪瘦肉洗净切末。

2 大米淘洗干净，浸泡1小时。

3 锅置火上，加适量水煮沸，放入大米、淡菜、干贝、猪瘦肉末同煮，煮至粥熟后加盐即可。

促进大脑发育

维生素 锌

西红柿丝瓜汤

丝瓜可炒、炖、煮，换换花样宝宝会很爱吃。西红柿、丝瓜都富含维生素C、膳食纤维，色彩鲜艳，可提高宝宝食欲，促进宝宝生长发育。

准备：5分钟 **烹饪：**15分钟

辅食次数：1天1次

一次吃多少：70克

原料：丝瓜半根，西红柿1个。

做法：

1 丝瓜洗净、削皮、切薄片；西红柿洗净，开水烫后去皮，切丁。

2 锅中放适量水，煮沸后放入丝瓜片和西红柿丁，再次煮沸后改小火煮约3分钟即可。

提高宝宝食欲

膳食纤维 维生素C

芦笋口蘑汤

芦笋的蛋白质组成具有人体所必需的各种氨基酸，含量比例恰当，还含有较多的硒、钼、镁、锰等微量元素，有促进细胞生长的功效。

准备：5分钟 **烹饪：**20分钟

辅食次数：1天2次

1次吃多少：70克

原料：芦笋4根，口蘑6朵，黄椒片、葱花、盐各适量。

做法：

1 芦笋洗净，切段；口蘑洗净，切片。

2 油锅烧热，下葱花煸香，放芦笋段、口蘑片略炒，加适量水煮5分钟，放黄椒片煮熟，最后放盐调味即可。

促进细胞生长

氨基酸 微量元素

肉松三明治

肉松三明治富含碳水化合物、脂肪、蛋白质和多种矿物质，肉松香味浓郁、味道鲜美、易于消化，搭配蔬菜，营养更均衡。

准备： 5 分钟 **烹饪：** 20 分钟

辅食次数： 1天1次

1次吃多少： 1个

原料： 吐司面包2片，猪肉松20克，黄瓜半根，橄榄油适量。

做法：

1. 黄瓜洗净，切薄片。
2. 锅中放入橄榄油，烧热后放入吐司面包，煎至两面金黄。
3. 取一片吐司面包平铺，放上肉松、黄瓜片，再盖上一片吐司面包即可。

补充营养，增强体质

蛋白质 碳水化合物

牛肉土豆饼

牛肉富含优质蛋白质，可以为宝宝的成长提供能量，帮助宝宝增强体力和耐力，与土豆搭配食用，可以补充维生素，口感更佳。

准备： 5 分钟 **烹饪：** 20 分钟

辅食次数： 1天1次

1次吃多少： 1个

原料： 牛肉50克，鸡蛋1个，土豆1个，面粉、盐各适量。

做法：

1. 土豆洗净蒸熟，加水捣成泥糊；鸡蛋打散；牛肉放盐，剁成泥，与土豆泥混合。
2. 拌好的牛肉土豆泥做成圆饼，裹一层面粉，再裹一层蛋液，放入油锅，双面煎熟即可。

增强体力和耐力

蛋白质 维生素

肉末炒木耳

木耳中富含铁，常吃可让宝宝肌肤红润，木耳中的胶质可把残留在人体消化系统内的灰尘、杂质吸附集中起来排出体外。

准备： 5 分钟 **烹饪：** 20 分钟

辅食次数： 1天1次

1次吃多少： 70克

原料： 猪肉末20克，木耳50克，盐适量。

做法：

1. 木耳泡发后，择洗干净，切碎。
2. 油锅烧热，下猪肉末炒至变色，下木耳，炒熟，出锅时加盐调味即可。

保护肺部，润肤

铁 胶质

牛肉河粉

河粉富含碳水化合物、蛋白质、膳食纤维、烟酸等营养成分。河粉清淡、晶莹剔透并且口感细滑，能为宝宝储存和提供热量。

准备：5 分钟 **烹饪**：20 分钟

辅食次数：1 天 1 次

1 次吃多少：70 克

原料：河粉 50 克，牛肉 20 克，香菜、高汤适量。

做法：

1 将河粉切小段，煮熟，用冷开水冲凉；牛肉切片；香菜切段。

2 高汤加入牛肉片煮熟，加入河粉稍煮，撒上香菜段即可。

储存和提供热量

香椿芽摊鸡蛋

香椿芽富含维生素 C、优质蛋白质和磷、铁等矿物质，是不可多得的珍品，春季可以做给宝宝吃，其特有的香气一定会让宝宝食欲满满。

准备：5 分钟 **烹饪**：20 分钟

辅食次数：1 天 1 次

1 次吃多少：70 克

原料：香椿芽 20 克，鸡蛋 1 个，盐适量。

做法：

1 香椿芽洗净，用开水烫 5 分钟，切末。

2 鸡蛋打入碗中，放入香椿芽末、盐搅匀；油锅加热，将香椿芽蛋糊倒入锅中成圆形，将其摊熟即可。

补充营养，增强食欲

豆芽炝三丝

绿豆在发芽过程中维生素 C 会增加很多，而且部分蛋白质也会分解为各种人体所需的氨基酸，可为宝宝的大脑发育提供营养。

准备：5 分钟 **烹饪**：20 分钟

辅食次数：1 天 2 次

1 次吃多少：70 克

原料：猪瘦肉 25 克，绿豆芽 30 克，红椒 20 克，胡萝卜半根。

做法：

1 猪瘦肉、胡萝卜和红椒均洗净切丝；绿豆芽洗净。

2 油锅烧热，下猪瘦肉炒至半熟，再将绿豆芽、胡萝卜丝和红椒丝一起下锅，炒熟即可。

为大脑发育提供营养

芦笋鸡丝汤

春天的芦笋鲜嫩多汁，鸡肉易消化，两者搭配容易被宝宝吸收利用，对宝宝增强体力、强壮身体大有裨益。

准备： 5 分钟 **烹饪：** 20 分钟

辅食次数： 1 天 2 次

1 次吃多少： 70 克

原料： 芦笋 50 克，鸡肉 100 克，蛋清 1 个，水淀粉、盐、香油、高汤各适量。

做法：

1 鸡肉切丝，用蛋清、盐、水淀粉腌 20 分钟；芦笋洗净切段。

2 鸡丝用开水烫熟后沥干水分；高汤入锅加鸡丝、芦笋段同煮。

3 汤沸腾后加盐，淋上香油即可。

增强体力，强壮身体

维生素 C　蛋白质

新鲜的芦笋以全株形状正直、笋尖花苞紧密、表皮鲜亮不萎缩者为佳。

宝宝不同月龄这样添加

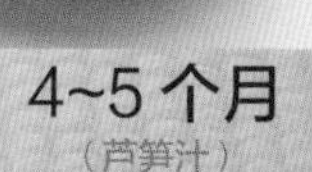

4~5 个月（芦笋汁）

6 个月（芦笋泥）

7~9 个月（芦笋碎）

10 个月以后（芦笋段）

凉拌苋菜

苋菜叶富含易被人体吸收的钙质，对牙齿和骨骼的生长可起到促进作用，并能维持正常的心肌活动。

准备： 5 分钟 **烹饪：** 10 分钟

辅食次数： 1 天 1 次

1 次吃多少： 70 克

原料： 苋菜 100 克，葱花、香油、盐各适量。

做法：

1. 苋菜洗净，用开水焯熟，控水捞出备用。
2. 将焯熟的苋菜加盐、香油、葱花拌匀即可。

维持正常的心肌活动

维生素

菠萝粥

菠萝富含维生素 B_1，能促进新陈代谢，消除疲惫感，还含有丰富的膳食纤维，让胃肠道蠕动更顺畅。

准备： 1 小时 **烹饪：** 20 分钟

辅食次数： 1 天 1 次

1 次吃多少： 70 克

原料： 大米 50 克，菠萝果肉 20 克，枸杞子、配方奶各适量。

做法：

1. 大米洗净，泡 1 小时，加水煮成粥；菠萝果肉切小丁。
2. 粥将熟时，加入菠萝丁、枸杞子和配方奶，搅拌均匀，再煮 10 分钟即可。

促进新陈代谢和排便

油菜鱼片豆腐汤

油菜和三文鱼鱼肉一起炖，口感十分鲜美，可以补充优质蛋白质、维生素、钙等营养成分，促进宝宝的健康成长。

准备： 5 分钟 **烹饪：** 30 分钟

辅食次数： 1 天 2 次

1 次吃多少： 70 克

原料： 油菜 50 克，三文鱼鱼肉 100 克，豆腐 20 克，鱼汤、枸杞子各适量。

做法：

1. 油菜洗净；三文鱼鱼肉洗净，片成片；豆腐冲洗切块。
2. 锅内加鱼汤，放入油菜，烧开后投入鱼片、豆腐块、枸杞子煮熟即可。

促进生长发育

茄子炒肉

茄子炒肉含有蛋白质、碳水化合物、维生素以及钙、磷、铁等多种营养成分，可清热解暑，对于皮肤娇嫩、容易长痱子的宝宝有保护作用。

准备：5 分钟 **烹饪**：20 分钟

辅食次数：1天1次

1次吃多少：70克

原料：茄子50克，肉末30克，葱花、盐各适量。

做法：

1 将茄子洗净，去皮，切成丁。

2 油锅烧热，放肉末煸炒，盛出。

3 另起油锅烧热后倒入茄子丁，翻炒片刻后下肉末一起炒，炒熟加盐，撒上葱花即可。

消暑解热，预防痱子

蛋白质 维生素

三文鱼芋头三明治

三文鱼肉质鲜美，含有丰富的蛋白质、维生素A、维生素D、维生素B_6、维生素B_{12}及多种矿物质，可促进血液循环，提高免疫力。

准备：5 分钟 **烹饪**：30 分钟

辅食次数：1天2次

1次吃多少：70克

原料：三文鱼50克，西红柿半个，芋头2个，吐司面包1片。

做法：

1 三文鱼洗净，蒸熟，捣碎；西红柿洗净，切片。

2 芋头上锅蒸熟，去皮后捣成泥，加入三文鱼泥，搅拌均匀。

3 面包对角切，将三文鱼芋泥涂抹在吐司面包上，加入西红柿片，盖上另一半吐司面包，对半切即可。

促进血液循环，提高免疫力

蛋白质 维生素 矿物质

苦瓜煎蛋饼

炎热的夏季，宝宝很容易食欲不振，还经常上火。苦瓜煎蛋饼，清香可口，既清火，又不失营养，最适合宝宝食用。

准备：5 分钟 **烹饪**：30 分钟

辅食次数：1天1次

1次吃多少：70克

原料：苦瓜80克，鸡蛋1个，盐适量。

做法：

1 苦瓜洗净，去瓤，切碎，用开水焯一下，水中放盐，变色后捞出。

2 鸡蛋打散，加盐，加苦瓜碎拌匀。

3 油锅烧热，倒入苦瓜蛋液，用小火慢慢地煎至两面金黄，关火后用刀切成小块即可。

清火

蛋白质 维生素

菠萝牛肉

菠萝中维生素 C 含量是苹果的 5 倍，还富含菠萝蛋白酶，能帮助人体消化蛋白质。还可以减少肉汁的肥腻感，增加宝宝的食欲。

准备： 20 分钟 **烹饪：** 20 分钟

辅食次数： 1 天 2 次

1 次吃多少： 70 克

原料： 牛肉 70 克，菠萝 30 克，淀粉、盐各适量。

做法：

1. 牛肉洗净切成小丁，加淀粉抓匀，略腌 20 分钟；菠萝用淡盐水浸泡 20 分钟，洗净切成小丁。
2. 油锅烧热，爆炒牛肉丁后加菠萝丁翻炒至熟，加盐调味即可。

促进蛋白质的消化吸收

维生素C　蛋白酶

虾丸韭菜汤

虾的蛋白质含量很高，韭菜富含膳食纤维，与虾丸搭配，能提供优质蛋白质，同时可促进胃肠蠕动，保持大便通畅，防止宝宝便秘。

准备： 20 分钟 **烹饪：** 30 分钟

辅食次数： 1 天 1 次

1 次吃多少： 70 克

原料： 虾仁 200 克，鸡蛋 1 个，韭菜 20 克，淀粉、盐各适量。

做法：

1. 虾仁洗净，剁成蓉；鸡蛋打开，蛋黄和蛋清分开；韭菜洗净，切末。
2. 虾蓉中放蛋清、盐、淀粉，搅成糊；蛋黄放入油锅，摊饼后切成丝。
3. 锅内放水，开锅后将虾蓉汆成虾丸，放蛋皮丝、韭菜末煮熟即可。

补充营养，预防便秘

蛋白质　膳食纤维

海蜇皮荸荠汤

海蜇的营养极为丰富，蛋白质、多种维生素、钙等含量高。海蜇荸荠汤有清热解毒、化痰的功效，对肺热型咳嗽有很好的治疗效果。

准备： 10 分钟 **烹饪：** 30 分钟

辅食次数： 1 天 1 次

1 次吃多少： 50 克

原料： 海蜇皮 50 克，荸荠 3 个。

做法：

1. 海蜇皮用水洗干净，切碎；荸荠去皮洗净，切片。
2. 海蜇与荸荠片一起放入锅中，加水煮 20 分钟即可。

清热解毒，化痰

蛋白质　钙

鲫鱼竹笋汤

鲫鱼肉质细嫩，含大量的蛋白质、脂肪、维生素A、B族维生素和铁、钙、磷等矿物质，经常食用能够增强宝宝抵抗力。

准备：10分钟 烹饪：30分钟

辅食次数：1天2次

1次吃多少：70克

原料：鲫鱼1条，竹笋80克，葱段、盐各适量。

做法：

1 将鲫鱼处理干净；竹笋去外壳，洗净，切段，焯水。

2 油锅烧热，放入鲫鱼，将鲫鱼两面略煎，加适量水，放入竹笋段和葱段，煮熟，加盐即可。

增强抵抗力

蛋白质 矿物质

丝瓜香菇肉片汤

丝瓜有很强的抗过敏功效，其中B族维生素的含量较高，可以帮助宝宝大脑的健康发育。香菇和肉片都是高蛋白食物，可提高机体免疫能力。

准备：5分钟 烹饪：30分钟

辅食次数：1天1次

1次吃多少：70克

原料：猪肉50克，丝瓜60克，鲜香菇3朵，豆腐、盐各适量。

做法：

1 将丝瓜去皮洗净，切片；鲜香菇洗净，切丁；豆腐洗净，切丁；猪肉洗净，切片。

2 将丝瓜片、香菇丁、豆腐丁放入开水锅内煮沸后，下猪肉片，煮熟，加盐即可。

促进大脑发育

蛋白质 B族维生素

菠菜炒鸡蛋

菠菜炒鸡蛋简单易做，可为宝宝补充铁质，预防缺铁性贫血。菠菜要焯水去掉草酸后再烹饪，这样不会影响饮食中钙的吸收。

准备：5分钟 烹饪：30分钟

辅食次数：1天1次

1次吃多少：70克

原料：菠菜100克，鸡蛋1个，葱花、盐各适量。

做法：

1 菠菜洗净，焯熟，切段；鸡蛋打散。

2 油锅烧热，倒入蛋液炒碎盛出；余油烧热，爆香葱花，放入菠菜段、鸡蛋碎翻炒1分钟，出锅时放盐即可。

预防缺铁性贫血

蛋白质 铁

1.5~2 岁：辅食的地位提高了

大部分宝宝到这时候已经断奶了，而且能够接受大部分食物了，辅食的地位相应得到了提高，已经可以取代母乳或配方奶，顺理成章地成为宝宝的主要食物了。合理的饮食应是在一日三餐外，再在下午给宝宝加餐 1 次。

1.5~2岁宝宝的身体发育和营养补充

现在宝宝会做很多事情了：可以和小伙伴们追逐游戏；可以自己用勺子吃饭了，甚至有时还要学习用筷子吃饭；能够将杯子里的水倒入另一个杯子里而不洒出来；还会拿着笔在纸上胡乱涂鸦……

2岁宝宝会这些

- 辨别能力增强，认识多种颜色，并能指认简单的几何图形。
- 听觉区分能力成熟，虽然吐字不太清楚，但能够有节奏地唱儿歌。
- 语言表达需求的能力提高，能正确使用代词“你”“我”。
- 更加喜欢模仿，会模仿他认为有趣的动作。
- 能够自如行动，可以从跑的状态停下来，但还不能急转弯，还能双脚跳2次以上。
- 喜欢跟比自己大的孩子玩，但有时会打人，不愿意分享玩具。

体重

- 2 岁时，男宝宝的体重平均为 12.54 千克。
- 2 岁时，女宝宝的体重平均为 11.92 千克。
- 相较于 1 岁前，宝宝身体发育放缓。

身高

- 2 岁时，男宝宝的身高平均为 88.5 厘米。
- 2 岁时，女宝宝的身高平均为 87.2 厘米。

营养补充

- 辅食地位提高了，吃混合食物为主，每天还可以喝 300 毫升的奶。
- 宝宝菜单要丰富，食材多样，颜色丰富，宝宝才喜欢吃。
- 适当吃粗粮，粗粮含有的赖氨酸和甲硫氨酸是人体自身不能合成的。
- 可按照粗细 1:5 的比例做主食，粗粮可选择玉米、荞麦、高粱、薯类等。
- 让宝宝愉快地进餐，餐前生气会造成食欲低下。
- 给宝宝准备一双筷子，让宝宝学习、掌握使用筷子的技巧。
- 主食以粮食为主，辅食丰富多样，荤素搭配。
- 宝宝饮食应向家庭食物过渡，吃的食物类型逐步与家庭成员靠拢，但是还需要另外烹调。

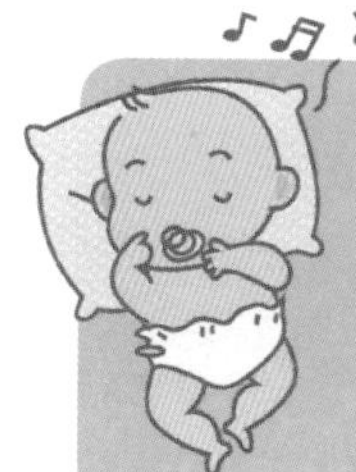

吃得好，睡得好

这段时期宝宝每天的睡眠在 12 个小时左右。此时要持续喝配方奶。早晨的奶量相对减少，适量加入辅食。由于宝宝成长发育的需求，辅食量会增加，因此晚上的奶量要相对减少，以便宝宝消化，避免影响晚上睡眠。

宝宝最爱吃的辅食餐

此时，宝宝已经陆续长出十几颗牙齿了，主要食物也从奶类转向混合食物。宝宝处于生长发育的关键期，要保证米、面、杂粮等谷类的摄入，蛋白质、钙、铁、锌、碘等营养素的供给也不能少。除此之外，也要保证宝宝每天吃适量的蔬菜和水果。

西葫芦炒西红柿

西葫芦含维生素 C、钙等，可清热利尿、除烦解渴，夏季烹饪时可加入西红柿，味道更好，还能滋润宝宝肌肤。

最好选择比较嫩的西葫芦，适合宝宝食用。

准备： 5 分钟 **烹饪：** 15 分钟

辅食次数： 1 天 2 次

1 次吃多少： 100 克

原料： 西葫芦 100 克，西红柿 1 个，盐适量。

做法：

1 西葫芦洗净，切片；西红柿洗净，去皮，切块。

2 油锅烧热，放入西葫芦片、西红柿块翻炒。

3 锅内再加少许水，小火焖 2 分钟，加盐调味即可。

清热利尿，滋润肌肤

宝宝不同月龄这样添加

4~5 个月
（西葫芦汁）

6~8 个月
（西葫芦糊）

9~11 个月
（西葫芦丁）

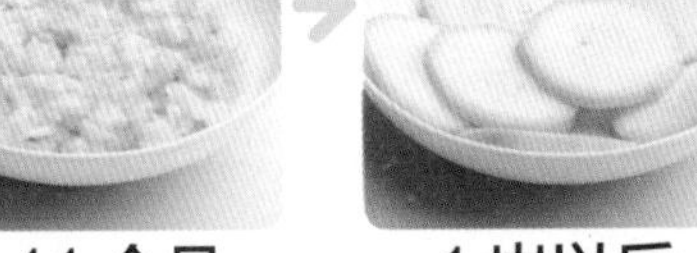

1 岁以后
（西葫芦片）

大米红豆饭

大米红豆饭富含蛋白质、脂肪、B族维生素、钾、铁、磷等营养成分，可以供给热量，红豆有较多的膳食纤维，可以防止宝宝便秘。

准备： 3 小时 **烹饪：** 30 分钟

辅食次数： 1天1次

1次吃多少： 100克

原料： 大米100克，红豆20克，黑芝麻、白芝麻各适量。

做法：

1. 大米和红豆洗净，浸泡3个小时；黑芝麻、白芝麻炒熟。
2. 将红豆捞出，放入锅中，加入适量水煮开，转小火煮熟。
3. 大米与熟红豆一起放入电饭锅，加水煮饭，饭熟后撒入黑芝麻、白芝麻即可。

供给热量，防止便秘

山药胡萝卜排骨汤

山药富含多种维生素、氨基酸和矿物质，胡萝卜能提供丰富的胡萝卜素，有增强宝宝免疫力的作用，搭配排骨一起炖煮，钙质更丰富。

准备： 10 分钟 **烹饪：** 30 分钟

辅食次数： 1天1次

1次吃多少： 100克

原料： 排骨块100克，山药块、胡萝卜丁各50克，香菜叶、盐各适量。

做法：

1. 排骨块洗净，氽水去血沫。
2. 锅中加适量水，放排骨块煮沸后转小火继续煮，放山药块、胡萝卜丁，煮至软烂，出锅时放盐，撒香菜叶即可。

增强免疫力，补钙

黑豆紫米粥

黑豆紫米粥是粥汤养生中的上品，具有益气补虚、健肾润脾的功效。黑豆营养丰富，补肾养血，缓解疲劳。紫米则益气补血，健肾润脾。

准备： 1 小时 **烹饪：** 30 分钟

辅食次数： 1天2次

1次吃多少： 100克

原料： 黑豆、紫米、大米各20克。

做法：

1. 黑豆、紫米、大米分别洗净，用水浸泡1小时。
2. 将黑豆、紫米、大米倒入锅中，加水大火煮开后，改小火煮至豆烂米熟即可。

健肾，乌发

蛋包饭

蛋包饭含有人体必需的蛋白质、脂肪、维生素及钙等成分，可以提供人体所需的营养、热量。蛋包饭颜色丰富，会是宝宝喜爱的主食。

准备： 5 分钟 **烹饪：** 30 分钟

辅食次数： 1 天 1 次

1 次吃多少： 100 克

原料： 米饭 1 碗，鸡蛋 1 个，培根丁、玉米粒、豌豆、洋葱丁各适量。

做法：

1 豌豆、玉米粒焯熟；鸡蛋打散。

2 油锅烧热，放培根丁、洋葱丁、玉米粒、豌豆及米饭炒匀盛出。

3 将鸡蛋摊成蛋皮，放米饭叠起即可。

全面补充营养

维生素 蛋白质 脂肪

白菜肉末面

白菜含有膳食纤维，能促进人体对动物蛋白质的吸收，与高蛋白的猪瘦肉、鸡蛋一起烹饪，正好可以发挥这个功效。

准备： 5 分钟 **烹饪：** 30 分钟

辅食次数： 1 天 1 次

1 次吃多少： 100 克

原料： 荞麦面条 50 克，玉米粒、白菜末各 20 克，猪瘦肉末 30 克，鸡蛋 1 个，盐适量。

做法：

1 将水倒入锅内，烧沸后放玉米粒、荞麦面条、猪瘦肉末、白菜末煮熟。

2 出锅前淋入打散的鸡蛋稍煮，加盐调味即可。

促进对蛋白质的吸收

蛋白质

水果沙拉

水果包含丰富的维生素、矿物质，以及促进消化的膳食纤维。每天吃水果沙拉有助于促进免疫系统健康，预防疾病和减少肥胖。

准备： 5 分钟 **烹饪：** 10 分钟

辅食次数： 1 天 2 次

1 次吃多少： 100 克

原料： 苹果、梨、橘子各半个，香蕉半根，生菜叶 2 片，酸奶 250 毫升。

做法：

1 香蕉去皮，切片；橘子分瓣；苹果、梨去皮取果肉，切片；生菜洗净。

2 盘底铺生菜，放香蕉片、橘子瓣、苹果片、梨片、酸奶拌匀即可。

有助于免疫系统健康

冬瓜肝泥卷

冬瓜肝泥卷富含蛋白质、铁、磷、维生素等，能维持身体正常运行，起到保持体温、促进新陈代谢的作用，还可帮助造血，预防贫血。

准备：5分钟 烹饪：30分钟

辅食次数：1天1次

1次吃多少：100克

原料：猪肝30克，冬瓜50克，馄饨皮、盐、姜片、葱段各适量。

做法：

1 冬瓜去皮，洗净，切末；猪肝洗净，用葱段、姜片加水煮熟，剁成泥。

2 冬瓜末和猪肝泥混合，加盐做成馅，用馄饨皮包好，上锅蒸熟即可。

帮助造血

维生素 铁

红薯蛋挞

红薯蛋挞含有丰富的蛋白质、钙、磷等营养成分，可以供给宝宝充足的能量，且促进脂溶性维生素的吸收，有利于宝宝的生长发育。

准备：5分钟 烹饪：30分钟

辅食次数：1天2次

1次吃多少：2个

原料：红薯1个，鸡蛋黄2个，奶油、白糖各适量。

做法：

1 红薯洗净去皮，蒸熟，压成泥状，加入白糖、鸡蛋黄以及奶油搅拌均匀。

2 将调好的红薯糊舀到蛋挞模型里，放入预热180℃的烤箱内烤15分钟即可。

促进脂溶性维生素吸收

蛋白质 钙 磷

泡芙

泡芙含有丰富的蛋白质、脂肪、钙、维生素等营养成分，营养价值高，消化吸收也比较快。自制泡芙不含任何食品添加剂，爽口不腻。

准备：5分钟 烹饪：30分钟

辅食次数：1天1次

1次吃多少：4个

原料：面粉35克，牛奶100毫升，鸡蛋2个，黄油、白糖、奶油、盐各适量。

做法：

1 鸡蛋打散；奶油加白糖打发；牛奶兑水加热，加入黄油、盐、白糖搅匀，倒入筛好的面粉搅匀，调小火分2次加蛋液。

2 将蛋糊装入裱花袋，挤出球形放入烤盘，烤20分钟，取出后从泡芙底部挤入打发的奶油即可。

补充营养，爽口不腻

蛋白质 钙 脂肪

清炒蛤蜊

蛤蜊的营养价值很高，含蛋白质、脂肪、碳水化合物、磷、钙、铁、维生素以及多种氨基酸等营养成分，可以强健脾胃，提高宝宝的食欲。

准备： 2 小时 **烹饪：** 30 分钟

辅食次数： 1 天 1 次

1 次吃多少： 100 克

原料： 蛤蜊 200 克，红甜椒、青椒各 20 克，盐、高汤各适量。

做法：

1. 蛤蜊放入淡盐水中浸泡 2 小时，洗净；红椒和青椒洗净，切片。
2. 油锅烧热，放入红椒片和青椒片，爆香后放入蛤蜊，翻炒数下，加适量的高汤，大火煮至蛤蜊张开壳，加盐调味即可。

强健脾胃

蛋白质

脂肪

海带炖肉

海带炖肉富含蛋白质、脂肪、矿物质和维生素 A 及 B 族维生素，不仅味道鲜美，而且可以强身抗病。海带中的碘可促进宝宝大脑发育。

准备： 10 分钟 **烹饪：** 30 分钟

辅食次数： 1 天 1 次

1 次吃多少： 100 克

原料： 猪肉 100 克，海带 50 克，酱油适量。

做法：

1. 猪肉洗净切小块汆水；海带泡发后洗净切丝。
2. 油锅烧热，下猪肉块略炒，加水，大火烧开下海带丝，转小火炖至肉烂，加酱油调味即可。

强身抗病，益智

碘 蛋白质

上汤娃娃菜

上汤娃娃菜含丰富的蛋白质、碳水化合物、胡萝卜素、维生素 B_1、维生素 B_2、维生素 C、烟酸、膳食纤维、钙、磷、铁等营养成分。

准备： 10 分钟 **烹饪：** 30 分钟

辅食次数： 1 天 1 次

1 次吃多少： 100 克

原料： 娃娃菜 100 克，香菇块、胡萝卜片、鸡汤、姜片、盐各适量。

做法：

1. 娃娃菜洗净对半切。
2. 油锅烧热，爆香姜片，加鸡汤煮开，下娃娃菜、香菇块、胡萝卜片煮熟，加盐调味即可。

全面补充营养

奶香芝麻羹

浓浓的奶香，再加上芝麻的香气，一碗奶香芝麻羹会是宝宝的一道美味早餐，补充蛋白质、维生素和脂肪，让宝宝一整天都充满活力。

准备： 10 分钟 **烹饪：** 30 分钟

辅食次数： 1天1次

1次吃多少： 100克

原料： 配方奶100毫升，黑芝麻、白芝麻各30克。

做法：

1 先将黑芝麻、白芝麻洗净，晾干，然后用小火炒熟，研成细末。

2 在配方奶加热后放入黑芝麻、白芝麻末，调匀，晾温后即可。

添加活力，提供热量

蛋白质 维生素 脂肪

紫菜虾皮南瓜汤

紫菜和虾皮是补钙佳品，还富含碘，能促进神经系统和大脑发育，南瓜富含膳食纤维，有助于肠胃健康，帮助消化吸收。

准备： 10 分钟 **烹饪：** 30 分钟

辅食次数： 1天1次

1次吃多少： 100克

原料： 南瓜100克，虾皮、紫菜各10克，鸡蛋1个，盐、葱花各适量。

做法：

1 南瓜取肉切丁；紫菜洗净；鸡蛋打散。

2 锅内放水、南瓜丁和虾皮，煮至南瓜软烂，用锅铲搅散；放紫菜、鸡蛋液稍煮，加盐、葱花即可。

补钙，促进大脑发育

钙 膳食纤维 碘

八宝粥

八宝粥食材丰富，其中粗粮富含B族维生素，对宝宝的生长发育有益，桂圆和葡萄干富含铁元素，对宝宝补血有帮助。

准备： 2 小时 **烹饪：** 30 分钟

辅食次数： 1天2次

1次吃多少： 100克

原料： 大米、紫米、红豆、绿豆、花生仁、莲子、桂圆肉、葡萄干各10克。

做法：

1 大米、紫米、红豆、绿豆、花生仁、莲子均洗净，泡2小时；桂圆肉、葡萄干洗净。

2 所有原料放锅内，加水，小火慢煮至豆烂米熟即可。

防贫血，促发育

菠菜猪肝粥

猪肝本身具有补肝养血、明目的作用，菠菜有补血作用。猪肝与菠菜相配，营养价值更高。宝宝食用，可以预防贫血、夜盲症。

准备：5 分钟 烹饪：30 分钟

辅食次数：1 天 1 次

1 次吃多少：100 克

原料： 大米 30 克，猪肝 40 克，菠菜 20 克。

做法：

1 猪肝洗净，切成末；菠菜洗净，焯烫，切末。

2 大米洗净，加适量水，煮沸后转小火，将猪肝末放入煮成粥；出锅前放菠菜末稍煮即可。

预防贫血，保护眼睛

铁

鸡肉茄汁饭

鸡肉茄汁饭富含碳水化合物、蛋白质、胡萝卜素、膳食纤维等，为宝宝的健康成长提供多种营养成分。

准备：5 分钟 烹饪：30 分钟

辅食次数：1 天 2 次

1 次吃多少：100 克

原料： 米饭 1 碗，鸡胸肉丁、土豆丁、胡萝卜丁各 40 克，番茄酱适量。

做法：

1 将油锅烧热，煸炒鸡胸肉丁，放除米饭、番茄酱以外的其余原料翻炒，加水煮至土豆丁绵软。

2 番茄酱加水拌匀，倒入锅中收汁，淋在米饭上即可。

为健康成长提供营养

碳水化合物

虾仁炒面

虾仁含有优质蛋白质、钙等营养，对于宝宝的大脑和骨骼发育有益，加入胡萝卜和油菜，可补充维生素，荤素搭配，营养加倍。

准备：5 分钟 烹饪：30 分钟

辅食次数：1 天 1 次

1 次吃多少：100 克

原料： 面条 50 克，虾仁 2 个，香菇丝、油菜段、酱油各适量。

做法：

1 虾仁去虾线，洗净切块；面条煮熟，捞出沥干备用。

2 油锅烧热，放虾仁、香菇丝、油菜段翻炒，放入煮熟的面条、酱油翻炒至熟即可。

促进大脑和骨骼发育

维生素

白芝麻海带结

海带中的碘和钙，可以满足宝宝的生长所需，促进宝宝大脑的发育。海带中的胶质可以促进宝宝体内有毒物质的排出。

准备：5 分钟 烹饪：20 分钟

辅食次数：1 天 1 次

1 次吃多少：100 克

原料：海带 50 克，白芝麻 5 克，白糖、盐、香油各适量。

做法：

1. 白芝麻洗净，在锅中炒熟；海带洗净，切成长条，打成结。
2. 海带煮熟，捞出，沥干水分。
3. 海带结中加盐、白糖、香油拌匀，撒上熟白芝麻即可。

促进大脑发育，排毒

海带含有胶质，可以帮助排出体内的铅，防止宝宝铅中毒。

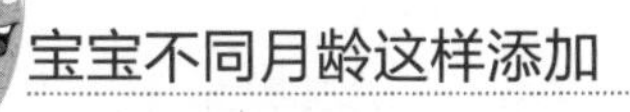

6~8 个月
（海带糊）

9~11 个月
（海带丝）

1 岁以后
（海带片）

虾丸荞麦面

荞麦面属于粗粮，富含维生素、膳食纤维和镁、硒、锌等矿物质，有保护视力、促进器官发育的作用，与虾仁、蔬菜搭配，营养更丰富。

准备： 5 分钟 **烹饪：** 20 分钟

辅食次数： 1 天 1 次

1 次吃多少： 100 克

原料： 荞麦面条 50 克，虾仁 5 只，猪肉末、黄瓜片、泡发木耳、盐、葱花各适量。

做法：

1 虾仁去虾线，洗净剁碎，加猪肉末、盐拌匀做成虾丸。

2 荞麦面条煮熟，盛入碗中。

3 虾丸、木耳、黄瓜片放入沸水中煮熟，盛出放入面中，撒入葱花即可。

保护视力，促进器官发育

玉米面发糕

玉米面富含卵磷脂、亚油酸、维生素 E、膳食纤维等，对宝宝大脑发育、美容养颜、滋补肠胃有不错的效果。

准备： 50 分钟 **烹饪：** 20 分钟

辅食次数： 1 天 2 次

1 次吃多少： 100 克

原料： 玉米面、面粉各 80 克，酵母适量。

做法：

1 面粉、玉米面、酵母混合加水揉成面团。

2 面团放温暖处饧发 40 分钟。

3 发好的面团上锅大火蒸 20 分钟，关火后立即取出，切块即可。

养颜，益智，养胃

葵花子芝麻球

妈妈自制葵花子芝麻球给宝宝做零食，健康营养又美味。常吃葵花子能让宝宝更聪明，红薯富含膳食纤维，可促进肠胃蠕动。

准备： 5 分钟 **烹饪：** 30 分钟

辅食次数： 1 天 1 次

1 次吃多少： 4 个

原料： 熟葵花子仁、低筋面粉各 100 克，红薯 30 克，鸡蛋液、白芝麻各适量。

做法：

1 红薯洗净蒸熟去皮；将红薯、熟葵花子仁、鸡蛋液打成泥糊，与低筋面粉拌成面糊。

2 将面糊揉成圆球，刷上蛋液，蘸上白芝麻，入烤箱烤熟即可。

提高智力，促进消化

山楂糕梨丝

山楂糕是开胃的好食物，宝宝食欲不佳时很适合吃，与梨一起食用，还有助于润肺止咳，保护呼吸系统健康。

准备：5 分钟 烹饪：10 分钟

辅食次数：1 天 1 次

1 次吃多少：50 克

原料：山楂糕 150 克，梨 1 个，盐适量。

做法：

1 将山楂糕和去皮的梨分别切成丝。

2 将山楂糕丝、梨丝放入淡盐水中过一下捞出。

3 将山楂糕丝和梨丝放入碗中拌匀即可。

开胃，润肺止咳

膳食纤维 维生素

煎猪肝丸子

西红柿与猪肝搭配做成丸子，可补充宝宝所需要的维生素和铁，可预防缺铁性贫血。维生素 C 和维生素 A 可以增强宝宝的体质。

准备：5 分钟 烹饪：20 分钟

辅食次数：1 天 1 次

1 次吃多少：50 克

原料：猪肝 50 克，西红柿半个，鸡蛋液、面粉、淀粉、番茄酱各适量。

做法：

1 猪肝剁成泥，加面粉、鸡蛋液、淀粉搅拌成馅。

2 油锅烧热，将肝泥挤成丸子，下锅煎熟；西红柿洗净切碎，同番茄酱一起煮成稠汁，倒在煎好的猪肝丸子上即可。

预防贫血，增强体质

维生素C 维生素A 铁

双色豆腐丸

独特的造型和烹饪方法会让不爱吃豆腐的宝宝也爱上豆腐，豆腐富含的蛋白质和钙能促进宝宝的骨骼和牙齿发育。

准备：5 分钟 烹饪：20 分钟

辅食次数：1 天 2 次

1 次吃多少：100 克

原料：豆腐 100 克，胡萝卜半根，菠菜 30 克，面粉、淀粉、青椒丝、红椒丝、盐各适量。

做法：

1 胡萝卜和菠菜分别洗净剁碎；豆腐抓碎分两份，分别加入面粉和淀粉。

2 胡萝卜碎、菠菜碎分别放入豆腐碎，团成小丸子，下锅焯熟盛出。

3 锅中放油，加淀粉、盐、水搅匀，做成汁，浇在丸子上，撒上青椒丝和红椒丝即可。

促进骨骼和牙齿生长

蛋白质 钙

滑炒鸭丝

鸭肉的脂肪酸易于消化，所含的B族维生素和维生素E也较多，能抵抗神经炎和多种炎症。其富含的烟酸对保护心脏有益。

准备： 5 分钟 **烹饪：** 20 分钟

辅食次数： 1天1次

1次吃多少： 100克

原料： 鸭胸肉丝80克，玉兰片20克，香菜段、蛋清、水淀粉、盐各适量。

做法：

1 将鸭胸肉丝加盐、蛋清、水淀粉搅匀，腌制片刻；玉兰片切丝。

2 油锅烧热，下鸭胸丝炒熟，倒入玉兰丝、香菜段炒熟，加盐调味即可。

消炎，保护心脏

豌豆烩虾仁

豌豆虾仁是一道家常菜，营养丰富，荤素搭配，在补充钙质的同时又兼顾了蛋白质。菜颜色搭配漂亮，会让宝宝食欲大开。

准备： 5 分钟 **烹饪：** 20 分钟

辅食次数： 1天2次

1次吃多少： 100克

原料： 豌豆、虾仁各50克，鸡汤适量，盐适量。

做法：

1 豌豆洗净，虾仁去虾线洗净。

2 油锅烧热，放虾仁煸炒片刻，加入豌豆煸炒2分钟左右，倒入鸡汤，待汤汁浓稠时，加盐调味即可。

促进食欲

蛋白质

迷你小肉饼

猪肉的纤维较为细软，肌肉组织中含有较多的肌间脂肪，因此经过烹调后肉味很鲜美。猪肉与面食结合，可为宝宝提供充足能量。

准备： 5 分钟 **烹饪：** 20 分钟

辅食次数： 1天1次

1次吃多少： 2个

原料： 猪肉末30克，面粉80克。

做法：

1 将猪肉末、面粉加水搅拌成肉面糊。

2 油锅烧热后，将一大勺肉面糊倒入煎锅中，慢慢转动锅铲，将面糊摊成小饼，煎熟摆盘即可。

提供能量，强筋健骨

法式薄饼

变换着花样做主食，宝宝就会很爱吃饭。这款法式薄饼软香可口，富含蛋白质、卵磷脂、钙等营养，能促进宝宝大脑发育。

准备：5 分钟 **烹饪**：20 分钟

辅食次数：1天1次

1次吃多少：100克

原料：面粉50克，鸡蛋1个，核桃粉、芝麻粉、香葱末各适量。

做法：

1 在面粉中加入打散的鸡蛋、核桃粉、芝麻粉、香葱末，用水调成面糊状。

2 油锅烧热，倒入面糊，摊成薄饼，煎至两面金黄，盛盘切块即可。

促进大脑发育

蛋白质 卵磷脂

西葫芦煎蛋饼

西葫芦含有丰富的维生素、矿物质和水分，经常食用可以在补充所需维生素的同时，让宝宝的皮肤更加水润有光泽。

准备：5 分钟 **烹饪**：20 分钟

辅食次数：1天1次

1次吃多少：100克

原料：西葫芦半个，面粉50克，鸡蛋1个。

做法：

1 鸡蛋打散；西葫芦洗净，擦丝。

2 将西葫芦丝、鸡蛋液倒入面粉里，加适量水拌成面糊。

3 面糊倒入热油锅中摊成薄饼，煎至两面金黄，盛盘切块即可。

让皮肤更加水润有光泽

维生素 矿物质

大米香菇鸡丝汤

香菇中富含B族维生素、钙、磷、铁等成分，宝宝常吃可健体益智。香菇还能抗感冒病毒，可以减少宝宝患感冒的概率。

准备：5 分钟 **烹饪**：30 分钟

辅食次数：1天2次

1次吃多少：100克

原料：鸡肉100克，大米50克，黄花菜10克，干香菇3朵。

做法：

1 黄花菜洗净、切段；干香菇用水泡发后去蒂、洗净，切丝。

2 鸡肉洗净、切丝；大米淘净。

3 将大米、黄花菜段、香菇丝放入锅内煮沸，再放入鸡丝煮至粥熟即可。

健体益智，预防感冒

第 10 章

2~3 岁：营养均衡最重要

两三岁的宝宝经常到处疯跑，每天的活动量相当大，而且这个阶段也是宝宝身体各项功能发育的关键期，所以妈妈在宝宝的饮食上要注意荤素搭配，谷物、豆类、肉类、蔬菜、水果都要吃，这样才能做到营养均衡。

2～3 岁宝宝的身体发育和营养补充

这个年龄段的宝宝对身体操纵更加灵活，后退和拐弯也不再生硬。宝宝手部精细动作进一步增强，会搭积木、脱衣服、穿鞋子。语言能力进一步增强，能掌握一些常用的口语，几乎每天都能说出令爸爸妈妈"难以置信"的词句。

3 岁宝宝会这些

- 视觉发育成熟，可注视自己感兴趣的东西达 2 分钟，能观察到事物细小的变化。
- 听觉辨别能力增强，能辨别不同物体甚至不同乐器发出的声音。
- 日常口语熟练运用，宝宝说话比较连贯，有时甚至会简单叙述事情经过。
- 抽象思维开始萌芽，会产生简单的联想，并做出假想性的表演活动。
- 动作发育比以前更加成熟，会骑着三轮脚踏车前进、后退、转弯，会拍皮球。
- 玩游戏时知道遵守游戏规则。

体重

- 3 岁时，男宝宝的体重平均为 14.65 千克。
- 3 岁时，女宝宝的体重平均为 14.13 千克。

身高

- 3 岁时，男宝宝的身高平均为 97.5 厘米。
- 3 岁时，女宝宝的身高平均为 96.3 厘米。

营养补充

- 膳食搭配要均衡，谷物、豆类、肉食、水果、蔬菜都需要摄入。
- 摄入谷物：米、面、杂粮、薯类等是每顿的主食，是提供热量的主要食物。
- 摄入蛋白质：主要由豆类或动物性食物提供，是宝宝生长发育所必需的。宝宝所需的各种氨基酸主要从蛋白质中来。
- 摄入蔬菜和水果：蔬菜和水果是矿物质和维生素的主要来源，蔬菜和水果不能相互代替。
- 摄入油脂：油脂是高热量食物。人们习惯使用植物油或调和油，宝宝每天的饮食中也需要一定量的油脂。
- 预防肥胖，限制甜食摄入量，增加运动量。
- 每天补充奶制品，建议为宝宝选择适龄的配方奶。
- 注重口腔卫生，坚持刷牙，可适量多吃苹果，预防龋齿。
- 早餐很重要，为宝宝准备丰盛的早餐。
- 烹制宝宝餐注意尽量保留营养。

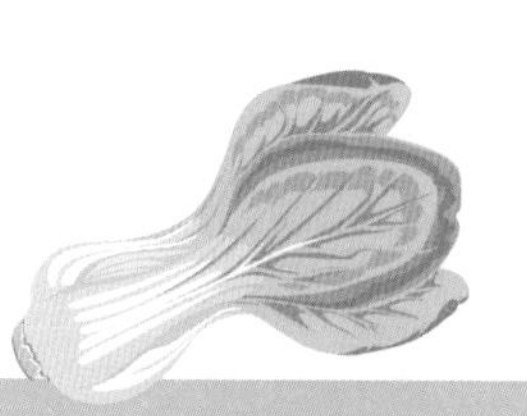

吃得好，睡得好

这段时期宝宝每天睡 10~12 小时。此时可以把配方奶换成牛奶给宝宝喝。可以在早晨时添加牛奶，晚上睡觉前给宝宝喝配方奶或牛奶，一般控制在 200 毫升左右，这样宝宝的睡眠质量会更佳。

宝宝最爱吃的辅食餐

现在要让宝宝和家人一起吃饭了，但是要注意饮食不要太咸，也不要吃辛辣刺激的食物。此时是培养宝宝饮食习惯的好时机，再加上宝宝能简单地理解爸爸妈妈说的话，因此要有耐心，正确引导，让宝宝尽早形成饮食好习惯，融入家庭饮食。

苦瓜去瓤切丝后，可用凉水洗几次，苦汁就会随水流失。

苦瓜炒蛋

苦瓜中维生素 C 含量居瓜类之首，宝宝食用苦瓜不仅能清火，还能促进牙齿和骨骼生长。而且，苦瓜属"苦"味，给宝宝尝尝能促进味觉发育。

准备： 5 分钟 **烹饪：** 30 分钟

辅食次数： 1 天 1 次

1 次吃多少： 150 克

原料： 苦瓜 100 克，鸡蛋 2 个，盐适量。

做法：

1. 鸡蛋打入碗中加盐搅匀；苦瓜洗净，去瓤切条。
2. 油锅烧热，加鸡蛋炒熟盛出。
3. 另起油锅，加苦瓜条炒熟，再倒入炒熟的鸡蛋翻炒一下，加盐即可。

清火，促进牙齿和骨骼生长

维生素 矿物质

银耳羹

银耳富有天然特性胶质，加上它的滋润效果，宝宝长期吃可以润肤、抗过敏，秋天吃还可以改善秋燥带来的皮肤干燥、瘙痒症状。

准备： 5 分钟 **烹饪：** 1.5 小时

辅食次数： 1天2次

1次吃多少： 100克

原料： 银耳5克，冰糖10克。

做法：

1. 银耳用温开水泡发，去蒂、洗净，撕成片状。
2. 锅内加适量水，放入银耳，大火煮沸后，用小火煮1小时，加冰糖，炖至银耳熟烂即可。

润燥，抗过敏

维生素 胶质

丸子冬瓜汤

丸子冬瓜汤清淡可口，能补充充足的维生素C和蛋白质，在夏季给宝宝吃，可以利湿消肿、清热降暑。

准备： 5 分钟 **烹饪：** 30 分钟

辅食次数： 1天1次

1次吃多少： 150克

原料： 冬瓜100克，猪瘦肉末50克，盐、水淀粉各适量。

做法：

1. 冬瓜去皮洗净，切片；猪瘦肉末加盐、水淀粉拌匀，捏成丸子，蒸熟。
2. 油锅烧热，加冬瓜片煸炒，加盐和适量水煮沸，放入丸子煮熟即可。

利湿消肿，清热降暑

维生素 

玉米香菇虾肉饺

这款饺子食材丰富，富含蛋白质、卵磷脂和B族维生素，可强健宝宝身体。虾肉饺口感鲜香，加上玉米甜甜的味道，宝宝会很喜欢吃。

准备： 5 分钟 **烹饪：** 30 分钟

辅食次数： 1天1次

1次吃多少： 6个

原料： 猪肉末150克，干香菇3朵，虾仁5个，饺子皮、玉米粒、盐各适量。

做法：

1. 干香菇泡发切丁；虾仁切丁。
2. 将猪肉末、香菇丁、虾仁丁、玉米粒、盐混合拌匀制成馅。
3. 饺子皮包上馅，入沸水锅中煮熟即可。

强健身体

维生素 

水果蛋糕

水果蛋糕可口又营养，含有丰富的B族维生素和维生素C，能促进宝宝生长发育，同时保护皮肤健康，让宝宝气色更好。

准备： 5 分钟 **烹饪：** 30 分钟

辅食次数： 1天2次

1次吃多少： 100克

原料： 面粉50克，鸡蛋1个，苹果30克，梨30克，白糖适量。

做法：

1 苹果和梨分别洗净，去皮、去核，切碎备用。

2 黄油化开，加白糖，加鸡蛋搅成白色稠糊状；加入面粉，搅成面糊；加入切碎的苹果、梨。

3 面糊倒进模具中，上锅隔水蒸熟，放凉后切块即可。

使宝宝皮肤健康

玉米糊饼

玉米含有丰富的维生素C、维生素B_6、膳食纤维等营养成分，可以刺激胃肠蠕动，加速粪便排出，防治便秘等。

准备： 5 分钟 **烹饪：** 30 分钟

辅食次数： 1天1次

1次吃多少： 150克

原料： 玉米粒150克，葱花适量。

做法：

1 将玉米粒用搅拌机打碎，加适量的水，搅匀成糊状。

2 油锅烧热，倒入玉米糊，在锅中煎成饼，两面煎熟后出锅，撒上葱花即可。

防治便秘

肉泥洋葱饼

洋葱和猪肉搭配是理想的酸碱食物搭配，可为宝宝提供丰富的营养成分，具有滋阴润燥的功效，适合食欲差、口渴、乏力的宝宝食用。

准备： 5 分钟 **烹饪：** 30 分钟

辅食次数： 1天1次

1次吃多少： 150克

原料： 猪肉20克，面粉50克，洋葱碎60克，盐适量。

做法：

1 猪肉洗净剁成泥。

2 将面粉、猪肉泥、洋葱碎混合，加盐和适量水和成面糊。

3 油锅烧热，倒入面糊制成小饼，两面煎熟即可。

滋阴润燥，健胃消食

黑米馒头

加入黑米面制作的馒头有独特的香味，而且富含维生素 C 和铁、锰、锌、铜等矿物质，可健身暖胃、明目活血。

准备： 5 分钟　**烹饪：** 30 分钟

辅食次数： 1 天 2 次

1 次吃多少： 1 个

原料： 面粉 100 克，黑米面 200 克，酵母 4 克。

做法：

1 面粉、黑米面、酵母混合，加水和成面团，放温暖处发酵。

2 待面团发酵后，制成馒头，入锅蒸熟即可。

健身暖胃，明目活血

芝麻酱花卷

芝麻酱是含钙量很高的食物，作为主食给宝宝食用，可以为宝宝的骨骼、牙齿发育提供营养，而且芝麻酱会让馒头更香，宝宝更爱吃。

准备： 5 分钟　**烹饪：** 30 分钟

辅食次数： 1 天 2 次

1 次吃多少： 1 个

原料： 面粉 80 克，芝麻酱 20 克，酵母、盐各适量。

做法：

1 面粉和酵母加水和匀，放温暖处发酵；芝麻酱加盐调匀。

2 面团擀成长片，抹芝麻酱卷起，切相等的段，每 2 段叠起拧成花卷，蒸熟即可。

促进骨骼、牙齿发育

面包比萨

很多宝宝都喜欢吃比萨，妈妈在家为他做，美味又健康。奶酪富含钙质和蛋白质，蔬菜富含维生素，为宝宝的成长添加动力。

准备： 5 分钟　**烹饪：** 20 分钟

辅食次数： 1 天 2 次

1 次吃多少： 1 块

原料： 全麦面包片 1 片，奶酪、胡萝卜、黄瓜、熟玉米粒、番茄酱各适量。

做法：

1 胡萝卜、黄瓜洗净，切丁；玉米粒焯熟。

2 在全麦面包片上挤番茄酱，放胡萝卜丁、黄瓜丁、熟玉米粒、奶酪，放入烤箱中烤 10 分钟即可。

为成长添加动力

核桃粥

核桃含有丰富的蛋白质、脂肪、矿物质和维生素，其脂肪中含有丰富的亚油酸和亚麻酸，具有健脑、提高记忆力的作用。

准备：30 分钟 烹饪：30 分钟

辅食次数：1 天 1 次

1 次吃多少：150 克

原料：大米 50 克，核桃仁 2 个。

做法：

1 核桃仁放温开水中浸泡 30 分钟，切碎；大米淘洗干净，用水浸泡 30 分钟。

2 锅中加适量水，放入大米，大火烧开转小火，放入核桃仁熬至软烂即可。

健脑，提高记忆力

亚油酸  亚麻酸

薏米花豆粥

薏米花豆粥富含蛋白质，经常食用具有滋阴壮阳、强身健体的功效。对于消瘦、免疫力低、贫血的宝宝来说是很好的营养食品。

准备：1 小时 烹饪：30 分钟

辅食次数：1 天 1 次

1 次吃多少：100 克

原料：薏米 50 克，花豆 20 克。

做法：

1 将薏米、花豆均洗净，加水浸泡 1 小时。

2 薏米、花豆加水同煮，一直煮至粥熟烂即可。

强身健体，增加体力

蛋白质 矿物质

什锦鸡粥

鸡肉中蛋白质含量较高，且容易被消化吸收，可增强体力、强壮身体。而且鸡肉中含有的卵磷脂、氨基酸可促进宝宝脑容量的增长。

准备：10 分钟 烹饪：30 分钟

辅食次数：1 天 2 次

1 次吃多少：150 克

原料：鸡腿肉 30 克，鲜香菇 2 朵，大米 30 克，青菜、盐各适量。

做法：

1 鸡腿肉洗净切块；鲜香菇洗净切块；大米洗净；青菜洗净切段。

2 锅中加水，放鸡腿肉块、大米煮沸后加香菇块、青菜段煮熟，加盐调味即可。

促进脑容量增长

卵磷脂 蛋白质

花生小汤圆

花生仁中的钙含量相当高，可促进宝宝的骨骼发育，还有助于宝宝头发生长。花生蛋白中含有多种氨基酸，可以促进宝宝细胞发育，开发宝宝智力。

准备： 5 分钟 **烹饪：** 30 分钟

辅食次数： 1 天 1 次

1 次吃多少： 5 个

原料： 花生仁 10 粒，小汤圆 5 个。

做法：

1 花生仁洗净煮烂。

2 用另一只锅煮汤圆至浮起。

3 将汤圆捞起，放入花生仁汤内即可。

促进大脑发育

钙 氨基酸

汤圆可分为小块食用。当宝宝哭泣和跑闹时，应停止喂食。

宝宝不同月龄这样添加

牛奶草莓西米露

富含维生素C的草莓，补钙又润泽肌肤的牛奶，Q弹的西米，组合在一起的搭配实在太美味了！这是宝宝夏季解渴的好饮料。

准备： 5分钟 **烹饪：** 40分钟

辅食次数： 1天2次

1次吃多少： 150克

原料： 西米100克，牛奶250毫升，草莓3个。

做法：

1 西米放入沸水中煮到中间剩下个小白点，关火闷10分钟。

2 闷好的西米加牛奶冷藏30分钟；草莓洗净切块，和牛奶西米拌匀即可。

增强皮肤弹性，补钙

维生素C　蛋白质　钙

酸奶布丁

牛奶和酸奶都富含蛋白质、钙，苹果和草莓富含维生素，酸甜口感会让宝宝食欲大开，特别是不爱喝牛奶的宝宝可以吃布丁来补钙。

准备： 5分钟 **烹饪：** 30分钟

辅食次数： 1天1次

1次吃多少： 150克

原料： 牛奶100毫升，酸奶50毫升，苹果30克，草莓3个，明胶粉适量。

做法：

1 牛奶加明胶粉煮沸，晾凉后加酸奶混匀。

2 苹果去皮，切丁；草莓洗净，切块；放入酸奶中冷藏即可。

补充营养，促进骨骼发育

维生素　蛋白质　钙

牛奶水果丁

多种水果的组合，可以补充多种维生素和膳食纤维，增强宝宝抵抗力，维持肠胃健康，加入牛奶可以让骨骼更健壮。

准备： 5分钟 **烹饪：** 10分钟

辅食次数： 1天1次

1次吃多少： 150克

原料： 牛奶200毫升，苹果丁、梨丁、桃丁、猕猴桃丁各适量。

做法：

1 所有水果丁放入碗中；牛奶加热，将热牛奶冲入水果丁。

2 用勺把热牛奶泡过的香喷喷的水果丁捞给宝宝吃，吃完水果丁，剩下的就是果奶。

增强抵抗力，壮骨

维生素　膳食纤维　钙

洋葱炒鱿鱼

鱿鱼的营养价值很高，富含人体必需的多种氨基酸，且必需氨基酸组成接近全蛋白，有滋阴养胃、补虚润肤的功效。

准备： 5 分钟 **烹饪：** 10 分钟

辅食次数： 1 天 1 次

1 次吃多少： 150 克

原料： 鱿鱼 1 条，洋葱 50 克，青椒、红椒、黄椒各 1/4 个，盐适量。

做法：

1 鱿鱼处理干净，切块，放入开水中汆烫，捞出；洋葱、青椒、红椒、黄椒分别洗净，切块。

2 油锅烧热，放洋葱块、青椒块、红椒块、黄椒块翻炒，然后放入鱿鱼块，熟时加盐调味即可。

滋阴养胃，补虚润肤

氨基酸 铁

双瓜酸牛奶

西瓜、哈密瓜均富含维生素 C、膳食纤维，搭配易于吸收的酸奶食用，能够帮助宝宝调理胃肠道，促进消化。

准备： 10 分钟 **烹饪：** 5 分钟

辅食次数： 1 天 1 次

1 次吃多少： 150 克

原料： 西瓜 50 克，哈密瓜 50 克，酸奶 30 毫升，蜂蜜适量。

做法：

1 西瓜、哈密瓜均去皮，去子，切小块，一起放入榨汁机中榨汁。

2 将榨好的汁液与酸奶、蜂蜜搅拌均匀，倒入杯中给宝宝喝。

调理肠胃，促进消化

维生素

清炒空心菜

空心菜是碱性食物，并含有钾、氯等调节水液平衡的元素，食后可降低肠道的酸度，预防肠道内的菌群失调。

准备： 5 分钟 **烹饪：** 10 分钟

辅食次数： 1 天 2 次

1 次吃多少： 150 克

原料： 空心菜 200 克，葱末、蒜末、盐、香油各适量。

做法：

1 将空心菜择洗干净，切成段。

2 炒锅置火上，加油烧至七成热时，放入葱末、蒜末炒香；下空心菜段炒至断生，加盐、香油调味即可。

维持肠道菌群正常

矿物质 膳食纤维

西红柿面片

面片含碳水化合物，提供宝宝所需的热量，加入西红柿，既能增加口感，更能补充维生素 C，促进宝宝的健康发育。

准备： 10 分钟 **烹饪：** 10 分钟

辅食次数： 1 天 1 次

1 次吃多少： 200 克

原料： 面粉 100 克，鸡蛋、西红柿各 1 个，香油、盐各适量。

做法：

1. 西红柿切块；鸡蛋打散，然后倒入面粉中揉成面团。
2. 将揉好的面团擀薄，切成小片。
3. 锅中加水烧开，放入面片、西红柿块同煮至熟，最后加香油、盐调味即可。

增加热量，促发育

肉末豆角

豆角中含有丰富的矿物质和不饱和脂肪酸，让宝宝健康又聪明。猪肉中含有蛋白质，为宝宝成长提供营养。

准备： 5 分钟 **烹饪：** 20 分钟

辅食次数： 1 天 1 次

1 次吃多少： 150 克

原料： 豆角、猪肉各 80 克，葱末、姜末、蒜末、盐、白糖各适量。

做法：

1. 将豆角切段；猪肉剁成末。
2. 油锅烧热，放入葱末、姜末炒香，放肉末炒散。
3. 放入豆角段、蒜末、盐、白糖及少许清水，炖至豆角段熟透即可。

让宝宝健康又聪明

海苔饭团

海苔饭团中含有 B 族维生素、钙、铁、锌，是宝宝补充营养、强健体力的好食谱，而且圆滚滚的造型也会得到宝宝的喜爱。

准备： 5 分钟 **烹饪：** 20 分钟

辅食次数： 1 天 1 次

1 次吃多少： 6 个

原料： 海苔1张，银鱼、白芝麻各5克，熟蛋黄1个，米饭、白醋、白糖各适量。

做法：

1. 白醋和白糖混入米饭中；银鱼用热水泡开切碎；白芝麻用小火炒香；熟蛋黄和海苔压碎。
2. 将米饭、银鱼碎、蛋黄碎、海苔碎混合在一起，搓成小团，滚上熟白芝麻即可。

补充营养，强健体力

莲子百合粥

莲子和百合都有安心养神的作用，可以把莲子百合粥作为宝宝的晚餐食用，让宝宝睡得更安稳。但大便干燥的宝宝不适合食用莲子。

准备：30分钟 **烹饪：**20分钟

辅食次数：1天1次

1次吃多少：150克

原料：大米50克，莲子30克，干百合5克。

做法：

1 干百合泡发；莲子浸泡30分钟。

2 将莲子与大米放入锅中，加入适量水同煮至熟，放入百合片，煮至酥软即可。

安心养神，安眠

红薯球

豆沙馅和红薯搭配，可起到蛋白质互补的功效，提高蛋白质利用率。也可根据宝宝喜好将白芝麻换成黑芝麻，让宝宝的头发乌黑浓密。

准备：30分钟 **烹饪：**20分钟

辅食次数：1天2次

1次吃多少：4个

原料：红薯60克，红豆沙30克，白芝麻适量。

做法：

1 红薯去皮，煮熟，用勺子碾成泥。

2 红薯泥捏成团后压扁，在中间放入少许红豆沙，将红薯像包包子一样捏成球状，滚上一层白芝麻。

3 将红薯球放入油锅里，炸至金黄即可。

提高蛋白质的利用率

香菇疙瘩汤

用鸡蛋和面，疙瘩汤就会又香又滑，口感好，而且可以补充卵磷脂和蛋白质，加入香菇，可以补充多种氨基酸，让宝宝越来越聪明。

准备：10分钟 **烹饪：**20分钟

辅食次数：1天1次

1次吃多少：200克

原料：鲜香菇4朵，面粉70克，鸡蛋1个，盐适量。

做法：

1 将鲜香菇洗净切丁；面粉加水和鸡蛋混合，搅拌均匀，揉成面团。

2 在锅中倒入适量清水，大火烧沸后，用小勺挖取面团，放入锅中。

3 等面疙瘩浮起后，放入香菇丁、盐煮熟即可。

让宝宝越来越聪明

卵磷脂

附录 宝宝不适时的调养食谱

感冒

感冒是宝宝最常见的一种病症。从中医角度来看，感冒可以分为风寒感冒、风热感冒和暑热感冒，每种感冒的起因和表现也是不同的。风寒感冒的宝宝，可喝生姜红糖水发汗驱寒；风热感冒的宝宝发热较重，要及时补充水分；暑热感冒的宝宝宜多喝绿豆汤、西瓜汁、冬瓜汤等具有清热去火作用的食物。

葱白粥

适合8个月以上的宝宝。

原料： 大米50克，葱白2根。

做法：

1 大米淘洗干净，浸泡1小时。

2 将大米放入锅中，加水煮粥，将熟时放入葱白，煮熟即可。

调养功效：**葱白性温，可发汗解表，适用于风寒型感冒。**

梨粥

适合1岁以上的宝宝。

原料： 梨1个，大米100克。

做法：

1 梨洗净，去皮、去核，切碎，放入锅中水煎30分钟，取汁。

2 大米洗净，放入锅中，加入煎煮的梨汁，熬煮成粥即可。

调养功效：**梨有润肺的作用，吃梨可改善呼吸系统和肺功能。**

陈皮姜茶

适合1岁半以上的宝宝。

原料： 陈皮、姜丝各10克。

做法：

1 锅中放陈皮、姜丝，加水大火煮沸后，转小火稍煮。

2 晾温后给宝宝饮用。

调养功效：**姜、陈皮都是辛温食物，能发汗解表，对风寒感冒有缓解作用。**

咳嗽

咳嗽是宝宝最常见的一种呼吸道疾病，如果不能及时治疗，可能会引发支气管炎、肺炎等。咳嗽一年四季都可发生，但以冬、春季节最为多见。引起宝宝咳嗽的原因很多，妈妈要区别对待。咳嗽时急速气流从呼吸道中带走水分，造成黏膜缺水，应注意给宝宝多喝水、多吃水果；少吃辛辣甘甜食品，否则会加重咳嗽症状。

荸荠水

原料：荸荠 10 个。

做法：

1 荸荠去皮，去蒂，洗净后切成小块。

2 荸荠块放入锅中，倒入水，大火煮沸后撇去浮沫，转小火煮至荸荠全熟，过滤出汁液即可。

调养功效：**荸荠有生津润肺、清热化痰的作用，适用于肺热咳嗽。**

适合7个月以上的宝宝。

川贝炖梨

原料：梨 1 个，冰糖 5 克，川贝 3 克。

做法：

1 川贝敲碎成末，备用。

2 将梨对半切开，中间挖空，放入冰糖、川贝末，隔水蒸，蒸熟后用勺子刮泥或切成小块，分 2 次喂给宝宝吃。

调养功效：**此方有润肺、止咳、化痰的作用，对风热咳嗽的宝宝尤其有效。**

适合1岁以上的宝宝。

烤橘子

原料：橘子 1 个。

做法：

1 橘子放在小火上烤，并不断翻动，烤到橘皮发黑，橘子里往外冒热气。

2 待橘子稍凉一些，剥去橘皮，让宝宝吃温热的橘瓣。如果是大橘子，宝宝一次吃 2~4 瓣就可以了，如果是小贡橘，宝宝一次可以吃 1 个。

调养功效：**橘子性温，有化痰止咳的作用，适用于风寒咳嗽。**

适合1岁半以上的宝宝。

湿疹

小儿湿疹，俗称“奶癣”，是一种常见的过敏性皮肤病。婴幼儿阶段的宝宝，皮肤发育尚不健全，最外层表皮的角质层很薄，毛细血管网丰富，易发生过敏反应。因此，宝宝的食物中要有丰富的维生素、矿物质和水，而碳水化合物和脂肪要适量，少吃盐，以免体内积液太多。母乳喂养的宝宝如果患了湿疹，哺乳妈妈要暂停吃那些易导致过敏的食物。

红枣泥

原料： 红枣 20 颗。

做法：

1 将红枣洗净，放入锅内，加入适量水煮至红枣烂熟。

2 煮熟后去掉红枣皮、核，捣成泥状，加适量水再煮片刻即可。

调养功效：**红枣中含有大量的抗过敏物质（环磷酸腺苷），可缓解皮肤瘙痒。**

适合6个月以上的宝宝。

玉米汤

原料： 玉米须、玉米粒、冰糖各适量。

做法：

1 玉米须、玉米粒洗净，加冰糖、水煮熟。

2 过滤掉玉米须、玉米粒，取汁饮用。

调养功效：**健脾利湿，可改善湿疹病情。**

适合1岁以上的宝宝。

豆腐菊花羹

原料： 豆腐 100 克，野菊花 10 克，蒲公英 15 克，盐适量。

做法：

1 野菊花、蒲公英煎煮取汁约 200 毫升。

2 豆腐切小丁，加入菊花蒲公英药液中，炖煮至熟，最后用盐调味即可。

调养功效：**此羹可用于湿疹、皮肤瘙痒的恢复期的食疗。**

适合1岁以上的宝宝。

上火

中医认为，宝宝是“纯阳之体”，体质偏热，容易出现阳盛火旺，即“上火”现象。宝宝的肠胃处于发育阶段，消化等功能尚未健全，过剩的营养物质难以消化，容易造成食积化热而“上火”。宝宝的饮食应以清淡为主，要多吃些清火的蔬菜和水果，如萝卜、苦瓜、莲子、百合、梨、西瓜、山竹等。要忌食辛辣、油腻、高热量的食物。

萝卜梨汁

原料：梨 1 个，白萝卜半个。

做法：

1 白萝卜洗净，切成细丝；梨洗净去皮，切成薄片。

2 萝卜丝倒入锅中，加适量水，烧沸后用小火继续烧煮 10 分钟，加入梨片再煮 5 分钟。

3 待汤汁冷却后，捞出梨片和萝卜丝，过滤出汁液即可。

调养功效：**白萝卜和梨可清热，二者同煮为汤，有良好的降火功效。**

适合6个月以上的宝宝。

山竹西瓜汁

原料：山竹 2 个，西瓜瓤 200 克。

做法：

1 将山竹去皮、去核；西瓜瓤去子、切成小块。

2 将山竹、西瓜块放进榨汁机中榨汁即可。

调养功效：**山竹可降火，西瓜有清热解暑之效，适合上火的宝宝。**

适合1岁以上的宝宝。

西瓜皮粥

原料：西瓜皮 30 克，大米 30 克。

做法：

1 将西瓜皮洗净，去掉外皮，切成丁；大米淘洗干净，浸泡 30 分钟。

2 大米、西瓜皮丁入锅，加适量水，大火煮开后，转小火煮成粥即可。

调养功效：**西瓜皮利尿消肿，清热解暑，煮粥既降火又不伤胃。**

适合1岁以上的宝宝。

腹泻

腹泻是婴幼儿常见的多发性疾病，有生理性腹泻、胃肠道功能紊乱导致的腹泻、感染性腹泻等。从治疗角度讲，对于非感染性腹泻，要以饮食调养为主。对于感染性腹泻，则要在药物治疗的基础上进行辅助食疗。进食无膳食纤维、低脂肪的食物，能使宝宝的肠道减少蠕动，同时营养成分又容易被吸收，此时宝宝的膳食应以软、烂、温、淡为原则。

焦米糊

原料：大米 50 克。

做法：

1 将大米放入炒锅中炒至焦黄，磨成细末。

2 在焦米粉中加入适量的水，煮成稀糊状即可。

调养功效：**大米健脾养胃，炒焦了的米有吸附毒素和止泻的作用。**

适合6个月以上的宝宝。

白粥

原料：大米 50 克。

做法：

1 大米淘洗干净，浸泡 30 分钟。

2 大米入锅，加适量水，大火烧沸后改小火熬煮熟烂即可。

调养功效：**大米有止渴、止泻的功效，是腹泻宝宝理想的止泻辅食。**

适合7个月以上的宝宝。

胡萝卜山楂汁

原料：胡萝卜 2 根，山楂 15 克，红糖适量。

做法：

1 胡萝卜洗净，去皮，切条；山楂去核，洗净。

2 将胡萝卜条和山楂放入锅中，加适量水煎煮取汁，调入红糖即可。

调养功效：**山楂有平喘化痰、治疗腹痛、腹泻的作用。**

适合2岁以上的宝宝。

夏天长痱子

痱子多生于脸面及皮肤褶皱处，夏季多见。表现为针尖大小的圆或尖形红色丘疹，有时疹顶部有微疱，称为汗疱疹。宝宝长痱子后瘙痒明显，烦躁不安，常用手去抓，一般数天或一两周后可消退。但如果受到感染，就会变成痱毒。宝宝长痱子后要吃清淡食物，多吃蔬果，如吃些青菜和西瓜，喝点绿豆汤、红豆汤、黑豆汤。

荷叶绿豆汤

原料：鲜荷叶 1 张，绿豆 30 克。

做法：

1 将绿豆洗净；鲜荷叶洗净切碎。

2 将绿豆、荷叶碎放入砂锅中加水煮到绿豆开花，晾温后取汁给宝宝喝。

调养功效：**此汤能清热解毒，可防止痱子扩散，缓解宝宝皮肤瘙痒。**

适合6个月以上的宝宝。

金银花米汤

原料：大米 50 克，金银花 15 克。

做法：

1 大米淘洗干净，浸泡 30 分钟；金银花洗净。

2 大米入锅，加适量水，煮 20 分钟后，加金银花同煮，10 分钟后关火。

调养功效：**金银花性寒，能清热解毒，可治疗长痱子，减少烦躁感。**

适合8个月以上的宝宝。

三豆汤

原料：绿豆、红豆、黑豆各 10 克。

做法：

1 绿豆、红豆、黑豆一起下锅，加水 600 毫升。

2 小火煎熬成 300 毫升，喝汤即可。如果宝宝能吃豆，可以用小勺碾碎喂给宝宝，效果更好。

调养功效：**三豆汤可清热解毒，健脾利湿，是夏季宝宝保健的佳品。**

适合1岁以上的宝宝。

图书在版编目（CIP）数据

宝宝，辅食来啦 / 刘岩主编 . -- 南京：江苏凤凰科学技术出版社，2018.1
（汉竹•亲亲乐读系列）
ISBN 978-7-5537-4891-7

Ⅰ. ①宝… Ⅱ. ①刘… Ⅲ. ①婴幼儿－食谱 Ⅳ. ① TS972.162

中国版本图书馆 CIP 数据核字 (2017) 第 216135 号

宝宝，辅食来啦

主　　编　刘　岩
编　　著　汉　竹
责任编辑　刘玉锋　张晓凤
特邀编辑　苑　然　张　瑜　张　欢
责任校对　郝慧华
责任监制　曹叶平　方　晨

出版发行　江苏凤凰科学技术出版社
出版社地址　南京市湖南路1号A楼，邮编：210009
出版社网址　http://www.pspress.cn
印　　刷　北京艺堂印刷有限公司

开　　本　715 mm × 868 mm　1/12
印　　张　15
字　　数　120 000
版　　次　2018年1月第1版
印　　次　2018年1月第1次印刷

标准书号　ISBN 978-7-5537-4891-7
定　　价　45.00元